図説生物学30講
植物編2

植物の利用 30講

―植物と人とのかかわり―

■ 岩槻邦男［著］

朝倉書店

まえがき

　ヒトは，文化をもって人と呼ばれるより以前の動物の一種だった頃から，植物と深いかかわりをもちあいながら生きてきた．ほとんどすべての生物が，植物が光合成をする有機物をエネルギー源とし，植物が放出する分子状酸素を取り込んで代謝活動を行う．最近になって，植物と人とのかかわりを，資源としての植物と人という関係で整理する傾向が強い．しかし，一方では，植物は人の生活環境を整える緑を形成する．人を取り巻く自然環境のあり方を考える際に，植物の存在は第一義的に重要である．資源と環境は，植物と人とのかかわりを論じる際の中心的なキーワードになっている．

　資源と環境とのかかわりで論じれば，植物がいかに人の役にたつかという実利的な観点から論じるだけで終わりになってしまう心配がある．植物も人も，30数億年前に地球上に生命が姿を現した時点にさかのぼれば共通の祖型にたどり着く．20億年以上も前に真核生物に進化したときでさえも，人も植物も一体だった．長い進化の過程を通じて，すべての生き物は一体となって，それぞれの時点で，地球表層において生命系と呼ぶひとつの生命体を形成して生き続けてきた．生命系というまとまりのうちで，シアノバクテリアが真核生物のあるものに細胞内共生を行い，植物と呼ぶ系統が分化したときから，植物と人は異なったかたちやはたらきをもつ要素となったが，それでもなお地球上で生命系といういのちをかたちづくり，共にひとつの生命を生きるパートナーであり続ける．植物と人とのかかわりは，そのような観点からも論じられる必要がある．

　植物と人とのかかわりは，応用植物学などという副題をともなえばことさら，どのように植物が人の役にたっているかという視点からの扱いになり，それも資源や環境とのかかわりで論じることになってしまう．しかし，植物と人とのかかわりの基本には，知的な生物が植物とどうつきあってき，つきあっているかという視点もきわめて重要である．植物が，人の文化の展開とどのようにかかわってきたか，その面でのかかわりも大きい．本書では，役にたつという実用性の面にとどまらず，人の心情に触れあう側面まで含めて，植物と人とのかかわりを広義に取り上げたい．物質・エネルギー志向に突っ走り，こころの意義を見失いそうな日本の現状に鑑み，植物とのかかわりも，人のからだとのかかわりだけでなく，こころとのかかわりででも整理してみたいとい

うことである．

　植物の利用といったときには，人の生活に役にたつ植物を語るのがふつうである．しかし，一途に物質・エネルギーにおける富を望み，こころの富への志向を失い始めている現在を考え，植物の利用という表題を掲げながら，実用的な意味で役にたつ植物に触れるだけではない「植物の利用30講」を構成してみた．こころと触れあう植物とのかかわりを，植物の利用というのは邪道かもしれないが，その邪道にふみ込むことによって，真の意味での人と植物の触れあいの意味を考える糸口にしていただきたいというのが著者の希望である．もっとも，そういえば，間口が無限に広がり，どの話題もちょっと言及するだけで終わってしまうという嘆きに直面することになる．むしろ，植物の利用という問題の広がりだけを指摘した書になってしまったのは，著者の見識の乏しさによるものだろう．具体的な事実に触れる紙面を割いてまで，問題意識を誘い込む語り口だけになっている点では，このシリーズの意図とずれているところもあるかもしれないが，そこは読者のご寛容を期待する．

　引用した写真について，福田泰二，服部 保，布施静香，松本 仁の皆さんにご協力いただいた．特に表記のないものは，筆者の撮影によるものである．本書の執筆に当たって，朝倉書店編集部の方々にいろいろな面でお世話になった．表現のミスを指摘したり，言い回しについての貴重なコメントもいただいた．記してお礼を申し述べたい．

　　2006年8月

　　　　　　　　　　　　　　　　　　　　　　　　　　　岩 槻 邦 男

目　次

第 1 講　資源としての植物 …………………………………………… 1
第 2 講　役にたつ植物，たたない植物 ………………………………… 7
第 3 講　科学と技術：科学技術と自然 ………………………………… 15
第 4 講　農業の起源：ライフスタイルと栽培植物 …………………… 22
第 5 講　焼き畑，棚田，里山，そして近代農業 ……………………… 29
第 6 講　育種 1：栽培植物の起源 ……………………………………… 35
第 7 講　育種 2：江戸時代の育種 ……………………………………… 41
第 8 講　育種 3：遺伝学と育種 ………………………………………… 47
第 9 講　育種 4：細胞遺伝学と育種 …………………………………… 52
第10講　育種 5：バイオテクノロジー ………………………………… 56
第11講　育種 6：遺伝子組み換え植物 ………………………………… 63
第12講　資源の探索 1：プラントハンターたち ……………………… 70
第13講　資源の探索 2：生物多様性の調査研究 ……………………… 77
第14講　資源の探索 3：バイオインフォーマティクス ……………… 84
第15講　民俗植物学 ……………………………………………………… 90
第16講　薬用植物と科学的創薬 ………………………………………… 94
第17講　食用作物と園芸 ………………………………………………… 101
第18講　嗜好品の採集と栽培 …………………………………………… 107
第19講　文化，酒，植物と人 …………………………………………… 117
第20講　微生物と資源 …………………………………………………… 122

第21講　園芸の起源 …………………………………………… 129
第22講　野草から園芸植物へ ………………………………… 135
第23講　花卉と人 ……………………………………………… 144
第24講　果物と果樹 …………………………………………… 152
第25講　森林：資源と環境 …………………………………… 158
第26講　森林資源：樹木と人 ………………………………… 165
第27講　水中の植物と人 ……………………………………… 170
第28講　人の進化と植物：森から平原へ …………………… 175
第29講　生物多様性の持続的利用 …………………………… 182
第30講　人と自然の共生 ……………………………………… 188

参考図書 ……………………………………………………………… 195
索　　引 ……………………………………………………………… 197

第1講

資源としての植物

キーワード：衣食住　経済性　生産者　生物多様性条約　有用植物

　植物と人のかかわりのうち，わかりやすいのは人が利用する資源としての植物の役割である．ヒトはまだ人と呼ばれるようになる以前の野生動物の一種だった頃から，自然界の野生生物と共生して生活し，進化してきた．動物にとって，餌の安定的な摂取は何より必要な生存のための条件である．雑食性に進化していたヒトは，動物を狩猟し，植物を採取して活動のエネルギー源としていた．そこで，本書でも，まず資源としての植物と人とのかかわりを整理することから検討を始めることにしよう．

資　　源

　資源とは何か．ちなみに，標準的な辞書のうちから，『広辞苑』の記載を見ると，「生産活動のもとになる物質・水力・労働力などの総称」とある．生物の活動のエネルギーのもととしての資源は生産活動に通じるということだろうか．

　しかし，ここでいう資源はもっと限定された意味で，人が生存していく上で活用する生物起源の資源，生物の側に焦点を当てていえば生物資源である．生物は生命を演出するための代謝活動を続けるために，エネルギー源を必要とするが，それは生きていく上での不可欠の資源であるし，生物体をつくり，維持していく上で必要な材料もまた，生きていく上で不可欠の資源である．

　生物多様性の持続的利用を訴える生物多様性条約の基本も，資源としての生物多様性が人間生活にとって不可欠のものであることを前提とする．生き物を資源とみなす考え方は，今では普遍的なものとなっている．

　かつて，資源といえば，現実に役にたっている有用植物，経済植物と呼ばれる資源をさしていた．最近になって，バイオテクノロジーの進歩にともなって，これまで役にたたないとされていた生物の遺伝子が有効に活用される可能性に期待がもたれるようになってきた．その意味では，すべての生物のもっている

遺伝子に利用の可能性が期待されるものであり，すべての生物が潜在遺伝子資源としての意味をもつことになる．

植物とヒトのかかわり

　動物の一種としてのヒトは，文化をもつ人に進化する（第28講参照）より以前から，生き物として当然のことであるが，基礎生産者の植物から直接的・間接的にエネルギーの補給を受けていた．雑食性のヒトは，肉食もしていたから食物連鎖の頂点に立ってはいたが，同時に，基礎生産者の植物も直接食物として摂取してきた．その意味では，ライオンなど純粋に肉食性の動物の生活と違って，ヒトはエネルギー資源を直接獲得するという関係からも，文化をもつ人に進化する以前から，植物と深い関係性をもちあってきた．生物学的関係としてのヒトと植物のかかわりあいは，直接にヒトがエネルギーを獲得し，植物がそれを提供する関係として成り立っていたのである．

　さらに，植物と人とのかかわりを，石器時代以前の動物としてのヒトとしての側面だけで考えたとしても，単に食物を提供する，摂取するという関係だけに終始するものではなかった．生活の基本としての衣食住を考えてみても，食以外にもヒトが植物に依存していた範囲は広い．ヒトは森の中で進化してきた．ヒトの生活は基本的に森で営まれてきたのだった．ヒトと呼ばれるまでに進化した頃には，住そのものは洞穴などを利用していたとか，穴居生活をしたとかいわれるが，生活の本拠地は森だったと推定される．やがて，森から出て平地に生活するようになってから，さらに人らしく文化を備えた生活を営むようになった．植物を基本的な構成要素（枠組み）とする森林は，ヒトの進化を支えてきた場であり，萌芽期のヒトが生活を営む舞台だったのである．

　森の中で採餌活動をしていたヒトが衣を用いるようになったのは，いつ頃からだっただろう．文化とのかかわりで発達した衣については，はじめて衣を必要としたアダムとイブがイチジクの葉を用いたと旧約聖書の「創世記」で語られるように，西欧の神話では最初に植物が登場する．もっとも，最初に暖をとるために用いた衣が，食のための狩猟によって得た動物の毛皮だったという推定も十分に成り立ちうる．生活場所により，民族によって，植物起源の衣服を最初にまとった場合と，動物起源の衣服を用いた場合とがあったのだろうか．

　食を話題にする際に，直接植物を食用に利用しただけでなく，食物連鎖の基礎に植物があることは，生物学としては触れずに通ることはできない基本的な事実である．植物とヒトとの生物学的かかわりは，他の生物が相互に関係性をもちあって演じているのと同じように，生物の総体として営まれる地球表層での生命活動（生命系の活動）の一側面だからである．しかし，人と植物とのか

かわりが話題とされる際には，人がどのように植物を利用しているかという人の植物依存の側面だけが取り上げられ，人は植物に何も提供するものがなかったような語りになることが多い．応用植物学は植物を人が利用してきた歴史と現実を語る場ではあるが，ここでは，植物も人も一体となって生命系（図1.1）の生を演じているという事実にひとこと言及してから，人と植物とのかかわりについての具体的な話題に入りたい．

有用植物，経済植物

生物としての植物とヒトとの関係は，ヒトが文化をもつ人へ進化してからの植物と人との関係に展開してから，関係性のうちの何が変貌したか．いちばん目立つ点は，人の生活に役だてられる植物は（人のための）有用植物と評価されるようになったことである．さらに経済という概念が発達すると，役にたつ

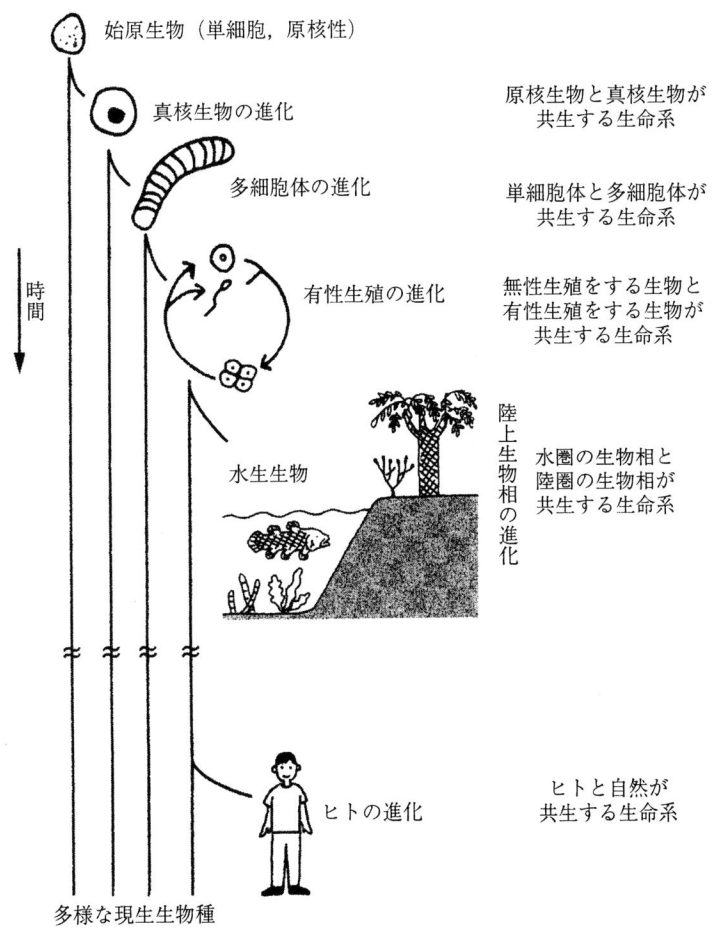

図 1.1　生命系（岩槻，2002b より）

ということは，経済性がある，もっと平たくいえば儲けの種になる材料と理解されるようになり，植物の場合も経済植物などという言い方が成り立つようになってきたことである．

人にとって有用な植物とは何だったか．いうまでもなく，衣食住の基本的な素材だし，薬用植物であるし，さらには人の情操を支え，陶冶する花卉園芸植物や，生活する環境を保全する緑でもある．人が生きていく上で，不可欠の資源としての植物たちである．それらの植物が人の役にたつ植物であると理解されてきたのである．

動物としてのヒトは植物を食物（＝餌）として摂取し，植物に被覆されて住や衣を確保し，自らの安全を保守して生活してきた．その関係は，人が知的活動を展開するようになっても，基本的に変わりはない．しかし，食物を調理し，さらに香辛料などを用いるようになってから，食材とする植物も多様になってきた．からだを覆う衣についても，単に暖をとるだけでなく，局部を覆い隠し，弱い部分を保護し，さらに装飾的な意味もしだいに拡大されてきた．住居を造るようになると，素材として植物がさまざまに役だつことは顕著である．泥を主体とする住居であっても，住居の素材にも，家具調度にも，植物が利用される機会は広がっていった．

有用植物として野生の植物が採取されていた生活から，知的活動（＝文化）の進歩にともなって，やがて利用すべき植物が人の経済活動の一環として栽培されるようになる．狩猟採取に依存する暮らし方から，動植物を飼育栽培する農耕牧畜の生活様式への展開は，人の歴史のうちでも劇的なイベントのひとつと理解され，旧石器時代から新石器時代への歴史的展開と時代区分され，理解される．

さらにここで忘れてならないことは，文化をもつようになった人にとって，有用性はかならずしも経済性に限定されなくなったことである．生活が安定するようになって，あるとき，誰かが，野生の花の何かを見て，花は美しい，と感得した．花に寄せる美意識のはじまりである．花を美しいと思うこころは，やがて美しいものを追求する芸術活動を人の知的活動（文化）にもたらした．美しいと思っただけではない，花のすがたに神秘さ，不思議を見た人もあった．美意識と，知的好奇心は並行して生じたものかもしれない．芸術と並んで，科学も萌芽したのである．ここに至って，人が他のどの生物とも違った特殊な進化を始めることになった．

芸術や科学のはじまりは，植物と人との関係に新しい側面を創出した．山野を跋渉して花の美や不思議を追うことになったし，美しくて多様な植物を住居の周辺に栽培する楽しみも始まった．科学は資源の開発につながったし，美意

識は人の精神の安定に大切な役割を果たしてきた．もっとも，最近では，花卉園芸でさえも経済植物の開発という側面だけで語られることが多く，真に人の美意識を刺激し，知的好奇心を陶冶する型の創出に投資されるよりも，経済的効果が期待される品種の作出に努力が集中しているらしいことに，ここまで進化した人の実態を見る思いがする．

　人と直接的な関係性をもつ植物は多い．しかし，かかわりという言い方をするならば，人の側だけから見た有用性や経済性を論じるだけでなく，役にたたないとされる植物と人との関係性もまた，生物学の目で確認しておく必要があることを指摘し，次講へ引き継ぎたい．

植物にとって人とは

　人と植物の関係は，もっぱら人から見た植物の意義という視点で語られる．もちろん，人が語る関係性だから，それはそれで完結した話題といえるだろう．しかし，関係性は，しばしば逆転した発想で見ることによって，それまで見えていなかったものが見えてくることがある．この場合も，植物は人を何と見ているか，という視点でちょっとだけ触れてみよう．

　人が文化をもつように進化しなかったとしても，植物の生存に特にかかわりはない．人が進化しなくても，植物は自然の悠久の流れの中で，健全な進化を継続していったことだろう．しかし，地球表層の自然に人の営為が及んでから，植物の生活にも多かれ少なかれ変動が及んできた．もっとも大きな影響は，植物の生活環境に変化が生じ，絶滅の危機に瀕する種が頻出する事態が見られるようになったことだろう．同時に，人為によって変貌した環境で，新しい生活場所を得るようになった種が，これまでと違った種形成を行うようになったことである．絶滅と並んで，自然の分布拡散と違う外来種などの跋扈や雑草と呼ばれる種の繁栄なども，植物の自然の進化の流れに水をさすものである．

　植物がそれを喜んでいるか，迷惑としているか，それを人の視点で論じてみても始まらない．いずれにしても，植物にも人の営為による影響が及んでいることは見過ごすことのできない事実である．そして，植物の代弁をするなら，植物が受ける影響は，植物に益や害があるよりも，その影響を被る人の側にもっと大きい影響が及ぶことを，人こそが認識しなければならないという点である．植物は人に影響を受けたからといって負の影響の反発を人に向けることはないように見える．しかし，植物が確実に進化の歴史を積み上げることが，人の作用を強烈な反作用にして戻しているところが見える．植物がヒトに与えるその警告を，どれだけ人が正確に聞き取っているか，万物の霊長と自らを呼ぶ人に問われるところでもある．

= Tea Time =

 **遺伝子資源としての生き物たち**

　生き物はそれぞれ自分の生を生きている．個々に個別の種として，個別の個体として生きているが，それと同時に，地球に生きる生き物すべてが直接的・間接的にかかわりをもちあいながら，ひとつの生命系として，全体としてまとまった生を生きている．

　その生物のあるものを，遺伝子資源という見方で扱うのは人の都合である．ヒトという特殊なひとつの動物種が，自分の生存を支える有用資源として，共に生きる生命系の生を分かちあっている他の生物のあるものを，遺伝子資源と呼ぶのである．ヒト以外の生物でも，たとえばライオンの餌になる動物は，ライオンにとって有用な遺伝子資源であるが，ライオンが遺伝子資源の確保のために特別に知的に考慮した行為を演じることはない．

　知的な生物として生きるようになってから，人はおのれを取り巻く環境を構成するものとして，人以外の生物すべてを生物環境とみなす生き方をしてきた．生物環境という場合，人のつくり出す人工物は含めない．その結果として，野生生物を含む自然と相反する事象の表現（言葉）を人為・人工と定義することになった．

　そのような視点に立って，有用生物を遺伝子資源と呼び，次講のTea Timeで触れるように，現に有用でない生物を一括して潜在遺伝子資源という．ヒト以外の生物はすべて人にとって有用であり，有効に利用しようという考えである．

　第30講で述べるように，人の永続的な繁栄を図るためには，持続的な自然との共生が最低限の要求である．これは，自然を過度に消耗しないように，遺伝子資源の持続性を図るという考えに通底する．人を取り巻く環境とは，生活を維持するための緑の空間であると同時に，資源を提供する温床でもある．1992年のリオデジャネイロでのいわゆる地球サミットで生物多様性の持続的な利用という理念が合意されたのも，人の世界の持続性を期待する考えに基づいたものだった．リオ＋10と呼ばれたヨハネスブルグのサミット（2002年）では，地球の持続的な開発という言い方に展開したが，これは，基本的な考えとしては，地球から有用な資源を一方的に纂奪していたのでは人の持続的な繁栄は望み得ないということに，地球人が総体として理解できるようになったことを示しているのだろう．ただし，未だにリオで決議された生物多様性条約を批准していない身勝手な大国もあることに，世界はもっと注目すべきであるが．

第2講

役にたつ植物, たたない植物

キーワード：経済価値　　コロンブス　　雑草　　有害植物　　有用植物

　ヒト以外の動物たちも，彼らにとって役にたつ植物，役にたたない植物の種を正確に識別する．しかし，彼らは生物を系統的に整理し，有用性で判別することはない．いわんや，自分の生存に直接的には無関係の植物の性状に関心をもつことはない．役にたたない植物も含め，生物界を系統的に整理しようとするのは人だけである．しかし，科学的な認識を深める一方で，役にたつ植物を識別する目の確かさについては，今では野生の動物の方が断然上で，現代人は自分ひとりの感性の力では役にたつ植物間の異同を識別する能力にははなはだしい遅れをとるようになってしまった．

役にたつ植物

　前講で，現に有効に利用されている生物種を遺伝子資源と呼んでいるといった．それなら，役にたたない植物とは何か．

　有用植物は，人がこれまでに有効に利用するようになった食料源としての植物であり，薬用植物であり，花卉園芸植物などである．林木も貴重な有用植物である．しかし，昭和天皇は，名もない雑草はないとおっしゃったという．生物全体からいうと，現在の科学でも，地球上に生きる生物の1%程度にしか名前をつけていないというが，植物だけに話を限定すると，すでに認知されている数が20数万種，実際には，この地球上に30万～50万種が生きていると推定されるのだから，他の生物群に比べるとたいへんよく研究されているといってよい．

　20数万種ある植物のうちで，現に人間の食料となり，エネルギー源として活用されている植物を列挙すると（FAOの統計では），イネ（図2.1），コムギ，トウモロコシ（図2.2(a)）の3種で65%以上がまかなわれているというし，バレイショ（図2.2(b)），サツマイモ，ダイズなどと上位20位までを数え上げると，80%のエネルギー源が確保されるという．上位400種をあげれば，現在人

図2.1 イネ
右は,ベトナムにおける稲作の風景.

(a) (b)

図2.2 新世界由来の有用植物
(a) トウモロコシ（福田泰二撮影），(b) バレイショ.

が活用しているエネルギーは（食肉用の動物の飼料として間接的に利用しているものも含めて），99%までもが供給されるという．20数万種認知されている地球上の植物のうち，現に人間がエネルギー源として活用しているのは，たかだか0.2%にすぎないという計算である．

これは食料としてエネルギー供給を行う植物についての数字だから，薬用，園芸用などのほか，食用でも香辛料など直接エネルギー源にはならないものまで数え上げると（科学的な推計値は聞いたことがないが），地球上に生きる植物の1%くらいは，広義に解釈すれば，現に人に利用されているといえるだろ

うか．それにしても，99％は現実には役にたてられていないという計算になる．つまり，地球上に生きる植物たちのうち，ほとんどは人の役になどたってはいないとされるのである．本当にそうなのだろうか．

　地球上に生きる多様な生物は総体として，細胞や個体と比肩すべき，生命系としての生を生きている（このことについて，詳細は拙著（岩槻，1999）を参照していただきたい）．その立場から見れば，植物と人とのかかわりあいは，単に食用になるとか，薬用になるとかという関係だけでなく，植物が光合成の過程で酸素を放出し，二酸化炭素を吸収することも，人を含めて動物一般とかかわりあう大切な事象である．有用性を追求すれば，このような生物学的関係，もっと広義にいえば，自然を成り立たせている生物間の関係性のうちに，植物と人との多様な関係が含まれるのである．

　そこまで広義に「役にたつ」関係性を追っていけば，たぶんすべての植物の存在が人の存続を支えるものになるだろう．それに対して，植物にとって人とは何だろう．動物，菌類と植物は，二酸化炭素・酸素の循環に関しては相補的に進化してきた．しかし，それ以上に，人が植物に依存しているほどには，植物は人からは何も期待していない．（動物一般と並んで）人に対して，植物はサービスに徹している存在なのか．

　役にたつ，たたないを，人の立場だけで計算しても，植物の有用性は広範囲にわたる．役にたたない植物など，ほとんどないのかもしれない．現に，有用植物とは呼ばれていない植物でも，人の生存を生物学的に支え，また将来活用される資源となる可能性を秘めて生きているのである．

経済性のない植物

　有用植物というのと違って，経済性がないといわれると，平たく，儲からない植物ということになる．ここでは，前節のように，有用性を広義にとることは難しく，経済性を貨幣価値と置き換えて論じることになる．

　貨幣価値に換算される有用性をもった植物はどれくらいあるだろうか．食用植物（香辛料など嗜好性のものも含む），薬用植物，園芸植物などは拾い上げやすい．園芸は，最近では広義にとって，造園用の植物や，それも屋上緑化などに使われるものまで，広範囲に及んでいる．経済性の高い植物といえば，林木も人の生活になくてはならない役割を果たしている．経済価値だけからいえば，タバコ（図2.3）は国家の収入に大きく貢献しているし，ケシ（図2.4）やタイマなど麻薬の原料となるものが，地下組織でも巨額の資金を動かしているらしい．

　15世紀末にコロンブスが西回りの航路を開拓しようと考え，その計画にス

図2.3 タバコ（福田泰二撮影）

図2.4 ケシ

ペインのイサベラ女王がパトロン役を買って出たのは，コショウを求めた競争に打ち勝つためだったと説明されることがある．香辛料はエネルギー源としての食料そのものではないが，最低限の食料を確保してからの人にとって，命がけで求めるくらい高い経済価値をもつ産品になっていた．それだけの投資をして，十分もとがとれると計算される商品なのである．経済性についていえば，コロンブスが新大陸を発見してから旧世界にもたらされた遺伝子資源の価値はいったいいくらと計算されるだろう．3大穀物のひとつに数えられるトウモロコシや，バレイショ，サツマイモなどの食用植物をはじめ，タバコ，トウガラシ，コスモスなど，商品として主要な植物は枚挙に暇がない．エスニック料理などというが，今では世界を席巻している韓国料理やタイ料理は，トウガラシ抜きでは成り立たない．これらもコロンブスがもたらしたものである．さらに，タバコが世界中に普及するようになって，どれだけの利益をもたらしたか．もうひとつ，今では人工の産物に置き換わったが，天然ゴムの原料であるパラゴムノキが20世紀の経済にどれだけ効用を及ぼしたか，これまたコロンブス以後の，新世界起源の遺伝子資源だった．

　植物の遺伝子資源の経済性をおさらいするとすれば，衣食住の材料として活用されているものや，農林業で利用されている植物にとどまらず，上にあげた例に見るように，価値の高いものが競い合っている．ケシやタイマなど，麻薬の原料になる植物が地下組織の資金源となっている事実は，同じ経済性といっても，アウトローの話題になる．また，エネルギー源といえば，石炭，石油も地質時代の動植物のからだに蓄えられていた有機物が変成したものである．

図2.5 セイタカアワダチソウ

この頃の植物まで,資源として経済価値があると評価するのだろうか.

この節でも,経済的価値の高いものばかり並べてきた.これらに対して,正の意味でも負の意味でも,役にたたないだけでなく,有害な植物がある.人に危害を与える植物である.有毒植物がそれであるし,イラクサなど,人のからだに障害を与える植物もある.もっとも,毒を転じて薬にするということで,有毒植物の成分を有効利用する方策もいくつもの植物で確立されている.自分の種子を散布するために他の動物を利用するイノコヅチやヌスビトハギなどは,害はないかもしれないが,種子が着衣にくっついて迷惑な植物たちである.最近では,セイタカアワダチソウ(図2.5)やブタクサなど,外来の植物でいろいろ悪さをするものも話題とされる.外来種のうちには,特定外来種に指定されて駆除の対象となるものさえある(表28.1参照).取り除くための人手を煩わせるだけで,そのもの自体は経済的価値をもたない植物もまた少なくない.まずすべての人の頭に浮かぶのは,邪魔をするだけで,何の役にもたたないとされる雑草などだろうか.

一方,20数万種記録されている植物の大部分は,貨幣価値で計算できない種で,経済性があるもの,マイナスの経済性が指摘されるものの方が少数派であることは明らかである.もっとも,最近では環境価値が計算され,実際に取引されるわけではないが存在そのものが経済性をもつという緑の意味が語られるし,京都議定書では,二酸化炭素の吸収をする森林の価値を貨幣価値で計算する国際的な取引の対象とされているくらいである.これまで経済的価値が計算できなかった植物のいろいろの特性が,もっと広い意味で見直されることになる機会も多いだろう.

雑草という呼び名

　雑草のようにたくましく生きよう，といわれることがある．しかし，雑草とはどういう植物だろうか．

　個別に識別され，植物学の対象として研究され，それぞれに至適な名前が与えられているにもかかわらず，雑草と総称されている植物たちがある（図2.6）．人家の周辺や，とりわけ圃場などに，求められてもいないのに勝手に生えてきて，抜いても抜いても，すぐにまた生えてくる植物たち，というイメージである．しかも，何の役にもたたず，ただ迷惑を与えるだけ，と思われている．

　雑草と呼ばれる植物たちは，実は伐り開かれた場所に生きる植物たちである．日本列島でいえば，元来森林に覆われていた場所には，彼らのすみかはなかった．森林を伐り開いて農地をつくり，その周辺に人のすみかを設定し，人里と呼ばれる場を創成した．それまで，森林に鬱蔽されていた場所では生きることのできなかった陽地性の植物たちが，伐り開かれて明るくなったところへ移住して，急速に，旺盛に繁茂した．さらに，世界中を人の往来が頻繁になってからは，元来その土地にはなかった外来種が，開発された住宅地などに格好の生き場所を見つけ，運ばれたとたんに定着することになった．人里に生きる雑草の誕生と繁栄である．

　この雑草，本当にたくましいのだろうか．在来種が生活する緑に被覆された場所では，これら雑草と呼ばれている植物たちは生きていけない．人が森林を伐開して開発し，開発された状態を維持している人里にだけ生きていける植物である．あらあら雑草が生えてきた，と嘆きながら一生懸命に草取りをしているあなたの行動は，結果として雑草を庇護し，かわいがる行為となっている．

図 2.6　雑草と総称される植物
わずかな隙間にもハコベやハハコグサなどが生えてくる．

あなたが草取りをしなければ、人為によって開発されたほとんどの場所では、時とともに、そこには森林が回復し、雑草など生えられないところになるのである。けだし、人が面倒を見てやらなければ生きていけないのが雑草である。

雑草と総称される植物たちは、伐り開かれ、明るくなった人里に侵入し、定着した。この中には、すぐに人の役にたつ植物はあまりなさそうである。雑草という総称が与える印象には、役にもたたないで、という気分が込められている。しかし、雑草という名の植物はないのである。個々の雑草には、それぞれ種に固有の種名が与えられており、その特性が探られている。今日は役にたつに至ってはいないが、これらの植物のうちから、将来人の生存を支える有用な遺伝子資源が見いだされないと断言できる人があるだろうか。現に、誰でも知っているアワの原種である。今ではアワは有用資源というのには利用の程度が低くなってしまったが、人の歴史のある時期、アワは重要な食料だった（今ではアワは贅沢品で、京料理の逸品粟蒸しは私の好物のひとつである）。雑草とひとくちで片づけないで、その中からどういうすぐれものが開発できるか、今後の科学の成果を期待したいものである。

― Tea Time ―

潜在遺伝子資源

遺伝子資源というときには、現に有効に利用されているものを問題にする。日本にも、茨城県つくば市に農林水産省の遺伝子資源保存施設（ジーンバンク）があり、植物の種子などを保存する設備の優秀さは世界に冠たるものがある。しかし、この施設では、現に有効に利用されている遺伝子資源だけが保全の対象とされている。収蔵されているのは、現に有効に利用されている生物種と、その近縁種の種子に限られているのである。

育種といえば、20世紀の中葉までは、せいぜい細胞遺伝学的な知見を活用して、植物でいえば交雑や染色体の倍数化などを活用して新品種の作出を行ったものである。それでも、メンデルが育種のためには遺伝の法則を確かめることが基礎の研究だと考えたように、遺伝学の進歩にともなって、手探りで職人芸でもあった育種が科学的知見に裏打ちされて展開するようになってはいた。その頃、遺伝子資源といえば、現に有効に活用されている種か、せいぜいそれと近縁で細胞遺伝学的な知見を用いて新品種作出の材料にできるものだった（図2.7）。

バイオテクノロジーという言葉が一般にも通じるようになった頃から、遺伝子資源についての考えは大きく変わってきた。これまで、細胞遺伝学的知見を

図 2.7　ナンシー植物園の種子貯蔵庫の内部

応用して育種の材料になると考えられていた遺伝子資源の範囲を超えて，遺伝子組み換えや細胞融合，組織培養などを組み合わせれば，何の役にもたたないと思われていた生物の遺伝子が，想像もされないほど大切な育種の材料になり得るものだと推定されるようになってきた．現に有効に活用されていなくても，今後大切な材料になる生物種は潜在的な遺伝子資源と理解されるのである．バイオテクノロジーの展開によって，すべての生物種は潜在遺伝子資源であると考えさせるようにさえなってきた．

　残念ながら，そのような理解は一部の科学者の間では常識になっていても，そのための研究や保全が真剣に進められるほど人間社会は成熟してはいない．すべての生物種が潜在遺伝子資源であるというのなら，生物種のうちのせいぜい1％が命名されている程度だという生物多様性研究の充実は，真っ先に取り組まれなければならない課題のひとつであるはずだが，現実はそれとは大きく異なっているのはなぜなのだろう．理由は簡単である．地球上に生きているほとんどの人々が，今自分が置かれている状況を十分理解しているとはいえないからである．日本の生物多様性に迫っている危機は，新・生物多様性国家戦略（第29講参照）では3つに整理されているが，日本人のはたして何人がその危機を理解しているといえるだろうか．実際にはその危機が目に見える結果をもたらすときには，どんな対策も間に合わなくなると覚悟しなければならないというのに．

第3講

科学と技術：科学技術と自然

キーワード：科学　科学技術　技術　社会　職人芸　知的好奇心　文化

　人為・人工は，自然の反対語である．しかし，ヒトももともとは自然の産物である．もとは自然の産物だった人の行為が，なぜ自然に反するものと理解されるのだろう．

　カタカナ書きで表現する動物の一種としてのヒトは，確かに自然の産物である．しかし，知的活動を展開し，科学に基づいた技術を駆使するようになって，人は自然を征服できるだけの力をもっていると思い違いするようになった．自然を征服するのは，自然に反する行為である．人の文化（とりわけ科学技術）が，自然に反する行為を演じ，地球表層に自然の流れと異なった現象をもたらし始めたときから，人為・人工は自然の反対語となった．技術といえば科学に裏打ちされたいわゆる科学技術をさすようになった産業革命の頃からひときわ顕著に，人為・人工は反自然の行為を演じるようになった．反自然の行為が頂点に達したのが20世紀後半で，自然破壊などというおぞましい表現で現象が語られてきた．

科　　学

　科学は，知的好奇心の発露として発展してきた．しかし，自然界の神秘について，はじめて知的好奇心をはたらかせたのが誰だったか，今からさかのぼって追求することはむずかしいだろう．というより，あるとき天才的な誰かが忽然と科学のはじまりを意識したというのではなくて，花を美しいと感じたのと同じように，花のもつ不思議なすがたにとらわれるようになった人がいろいろと考えるようになったのが，自然の神秘に向けての知的好奇心のはたらきのはじまりだったと理解される．

　歴史に現れる科学のはじまりは，体系を整えた科学のすがたが見えてきたときをさすが，科学するこころのはじまりは，人の知的活動のはじまりととも

に，もっと自然に発生してきたものだっただろう．何人もの人々が小さな好奇心を発揮し，それらが積み重なって科学と呼ぶほどの成果をもたらしたのが，人類の歴史にいう科学のはじまりだった．

個体発生は，系統発生の短縮した反復である．人類の科学のはじまりと同じようなことが，子どもの成長期にも見られるといってよい．母親に執拗に「なぜ？」とたずね始めたとき，幼い子どもの脳裏には科学的好奇心が萌芽している．人類の歴史における科学のはじまりも同じようにかたちづくられてきたものだったに違いない（人の歴史は科学を大きく発展させてきたが，現在のすべての子どもの科学的好奇心が正常に展開しているかどうかについては問題がある）．

科学には，自然科学のほかに，社会科学と人文科学（これは科学ではなくて人文学であるということもある）が認められる．最近では，しかし，これらの間の境界も曖昧になっている．科学はすべての分野を包含したものとして健全に発展しているということである．科学は諸現象の底に流れる普遍的な原理原則を明らかにするものであるが，自然科学ではしばしば現象を数学的枠組みの内で，物理化学的な法則性に従って語ろうとする．現象の解析的還元的究明が求められるのである．それに対して，人文学では，解析がどれだけ進んでもものごとの本質は解明され得るものではなく，対象を総体として捉える統合的な視点が求められる．これはしかし人文学に限らず，自然科学でも，地球科学や生命科学のように対象の個々の側面の解析と並んで，総体の理解を期する分野では等しく必要とする視点である．これまでに，個々の現象のよってきたる因果性を解析し，現象を理解することによって，真理に迫ろうという科学の方法は目覚ましく進展し，その成果が技術に結びついて人間生活を豊かにするのに大きく貢献している．しかし，対象を統合的に捉え，その実態を認識する方法は，科学の世界でもまだ模索の段階にある．自分自身である人のからだの健康維持についても，実証された科学の方法だけではわからない点が多々ある事実に思いを及ぼすだけでも，現実にわかっていることの限界は理解できるだろう．

技 術

すべて生物は，生きるために種に固有の技術をもっている．ある意味では，生物が環境に適応する反応が技術に相当するものであると整理される．

ニホンザルのある若者がイモを洗い始めると，それを見習った集団の構成員がだんだんイモを洗うという技術を取得するようになると観察された．1頭が温泉につかると，それをまねて集団の構成員が温泉を味わうようになったらしい．集団の構成員の誰かが偶発的に得た技術が，集団に革命的な変化を導入す

る例である．

　日常的には，集団の構成員は親や先輩の行動を見てさまざまの技術を習得する．生命体が遺伝子担荷体であるDNAの正確な伝達によって，生きていることを子々孫々に伝えていくのとは別に，個体の外，集団（＝社会）内に蓄積された情報がある．ここに集積される情報は個々の生物体を通じて遺伝するものではないので，それを使って生きるためには，集団内に蓄積されたノウハウを，個々の構成員が自分でそのイロハから学習する必要がある．集団内に蓄積されたノウハウは，すでに文化の萌芽であるといえるだろう．

　しかし，ヒト以外の動物集団では，知的活動が体系的に進展することはそれほど顕著ではないし，蓄積されたものから知的な創造を生み出すこともない．だから，人の社会以外には完成された文化が整ってはいない（人に飼育されている動物たちが人に教えられて学習したり，人の生活を見た野生動物が人から学び取ったりするものは，彼らの独創的な学習行動とその成果とはいいがたい）．それでも，生きるためにはさまざまな技術を習得することが，進化した生物の生き方であり，個々の構成員が，集団に固有の，生きるための技術を習得することが，集団を維持するために必要な条件になっている．このように，生物はそれぞれの種に特有の生きる技術，技能を発達させてきたのである．

　芸術，宗教，科学などと呼ぶ知的活動を展開するようになってからも，人が技術を習得するのは，集団（＝社会）内に蓄積されたノウハウを，親や先輩の行動から学び取るというかたちで進行していた．しかし，技術が高度化してくると，見よう見まねだけでは習得できず，技術を指導する師匠を必要とするようになった．親方のところに入門する弟子ができてきたのである．技術はそのようにして相伝され，職人芸と呼ばれる高度化を進めてきた．ものをつくる職人芸は，人の社会では，芸術的な高まりもまた進めてきた．師匠と弟子という関係も確立した．

　人の社会で，発展してきた科学的な知見に基づいて技術を高度化したことも，歴史上の事実だった．エジプトの乾燥地にピラミッドをつくった技術，天山山脈の水をタクラマカン砂漠に導入するためのカナート（堀り抜き井戸）をつくった技術，四川省の長江支流岷江につくられた都江堰をつくった技術，いずれも職人芸だけでは及びもつかず，紀元前にすでに測定のための科学的な根拠づくりの基盤が整っていたことを示している．科学に基づいた技術のはじまりである．

科学技術とこころ

　日本人はもともと自然とともに生きてき，人里～里山のような自然との共生

のシステムを育ててきた（第5講参照）から，江戸時代には，百万都市になっていた江戸でさえ見事な循環型社会を形成していた．その日本人が，一途に物質・エネルギーへの志向を高め，こころの豊かさを忘れてしまったのは，明治維新以後に，西欧文明に追いつけ，追い越せと頑張っているうちに，伝統的な日本人の心情を捨て去ったからと説明されることがある．しかし，明治維新以後，文明に遅れをとっている現実を確かめた日本で，西欧に追いつけ，追い越せを課題にしたのは，生き残るための知恵であり，当然の行動であったことも確かである．たまたま，遅れをとっていたのは科学技術の範疇において顕著だった．この面での学習の充実が図られ，期せずして，科学技術万能を西欧よりも強く意識することになり，物質的豊かさのためにこころの豊かさを犠牲にすることを受け入れてしまったのである．

　一途に科学技術を学習するという考えは，すでに体系化されている西欧の科学技術のシステムを日本へ導入するということである．知的活動に専念する科学は日本では基礎科学と呼ばれて，理学と呼ばれる分野で取り扱われるのに対して，科学の知見を応用して科学技術を育てる応用科学の充実が重視されることになり，工学，医学，農学など実学の分野が拡大された（おかげで，実用的にすぐに役にたつことのない研究領域を，実学に対してやや自虐的に，虚学と呼ぶこともあった）．短期間で，西欧に追いつけ，追い越せという課題は見事に達成され，物質的に豊かな日本が育ってきた．しかし，そのために，科学の創造には遅れをとり，創造性に欠ける日本という評価が定着することになってしまった．つくられた技術の修飾，完成には見事な実力を発揮している日本は，物質的豊かさを確実にするため，科学技術の面でさまざまな貢献を行っている．

　植物を利用するという観点でも，江戸時代には，職人芸としての育種の技術で目覚ましい成果をあげていた日本であるが，明治に入ってからは科学技術としての育種にも世界をリードする活躍を行っており，品種の改良，新品種の作出，栽培技術の革新など，農学，薬学，林学などの諸分野でも，他国に抜きん出た成果を見せつけている．

科学が知っていること

　現在の科学技術にできないことはない，というような科学技術崇拝の気配が広まったのは，20世紀後半の世界の特徴だった．日本も例外ではなく，科学技術は最大限に活用され，日本列島改造論が指導原理とされたことさえあった．その結果，21世紀へ持ち越された課題の第一が環境問題であるという現実がもたらされた．科学技術にできないことはない，などと，識者ではっきり

そう思っている人はいないのに，世間にそういう風潮がもたらされたのはなぜだろう．

　技術の進歩は，ますます基盤としての科学の知見を必要とすることになってきた．もともと人の知的活動の集積の上に発展してきた科学が，技術に転化する基礎的知見を推進するものとして，さらなる展開が求められるようになってきたのである．典型的な現れ方が，戦争があれば科学が飛躍的に発展する，という事実である．生きるか死ぬかを争うときには，自分の生を維持するために，何を犠牲にしても相手をまずやっつけようとする．戦争に勝つための技術を発展させようと，その基盤となる科学の飛躍的な進歩が緊急に求められる．そのための投資は可能な限り手配される．かくして，科学技術だけでなく，その基礎としての科学までも戦争の時期には飛躍的に発展するという皮肉な歴史をかたちづくることになる．

　科学技術万能という漠然とした，しかし誤った考えが20世紀後半の社会を席巻していたとき，科学が知っていることはごく限られた範囲のことであるといっても，なかなか受け入れてもらえなかった．生物の種とは何かは生物学の最終的な課題であり，今は仮の定義に従って生物の種多様性を数えている，といっても，生物学者を名乗っている指導的な人たちにも理解をしてもらえないことが多かった．いわんや，現に約150万種の生物種を認知しているものの，実際には億を超えるほどの数の生物種が地球上には生きているらしいという推定値を紹介しても，実感としてそれが意味するものを理解してもらえることは稀である．150万種の生物を認知しているということは現在の科学の偉大さを示す事実であるが，それはまた科学が自然を知悉するためには，まだごく限られた範囲の知見しかもっていないという事実を如実に示してもいる．

　150万種を記載しているとはどういうことだろう．知るといっても，せいぜい似た種との違いを示して名前をつけている程度の知見があるというのが，大多数の種についての現実である．ヒトの全ゲノムを解析するのにずいぶん時間と研究費をつぎ込んだが，ヒト以外の種でゲノムのシーケンシングが終わっているのは，まだごくわずかな数の種のみである．しかも，全ゲノムがわかったからそれではじめてヒトの科学的研究が始められる，などともいわれる．私たちが生き物について知っていることは，せいぜいその程度なのである．

　ここでは，生物多様性についての知見の現状を紹介して，科学が知っていることの限界を示そうとした．しかし，現実に知見が欠如しているのは生物多様性に関する科学だけではない．はるかに前を歩んでいるとされる物理，化学の分野でも，今なお世界に何万というすぐれた研究者が営々と研究を重ねており，日ごとにすぐれた新知見が論文にまとめられている．それだけ新しい発見が続

いても，なお問題は山と残されているのである．森羅万象について人が知っているのはその程度であることをよくわきまえておこう．知っていることの限界を知ることが，科学技術に基づいた営為の実行方法について，何を考えておかなければいけないかを教えてくれるからである．

================ **Tea Time** ================

 役にたつ科学

　役にたつ科学といえば，すぐに儲かる科学を意識する人たちがあるらしい．しかし，役にたつとはどういうことだろう．有用性という言葉に置き換えても，まだ経済効果を期待されるかもしれない．しかし，知的好奇心に促されて発展する科学は，元来経済的効果とは独立のものだったはずである．

　技術に結びつく科学の進展が期待されることは当然であり，そのことに今さら疑問が差し挟まれる余地はない．しかし，すぐには有益な技術に結びつかない科学は役にたたない科学なのだろうか．そのとき技術に有益な貢献をしないけれども，しばらく後にはたいへん大きな貢献をする科学的業績がある．たとえばメンデルの遺伝の法則は，発表されてから35年間埋もれていた．しかし，再発見されると同時に，20世紀の生物学の指導原理となった．メンデルの法則は，役にたたない科学から一転してもっとも役にたつ科学へ変貌したのである．役にたたなかったのではなくて，科学がそれを役にたてるだけに成熟していなかったというだけのことである．しかし，これも時間的なずれがあるだけで，経済効果をもたらすという意味で役にたつという点では同じである．科学のうちには，しばらく経っても目に見える有益な技術に結びつかないというものもある．しかし，それらは役にたたない科学なのか．

　科学技術の飛躍的な進歩によって，20世紀後半の生活はたいへん豊かで安全になった．しかし，21世紀に向けて，環境問題とか南北問題という大きな宿題を抱え込んでしまった．すぐれた科学の発展がありながら，なぜそんなことになってしまったのか．科学の発展に偏りが生じていたからではなかったか．しかも，科学技術を正しく運用するための指導者たちの科学的知見に欠陥があった．政治家を選出する市民に科学的知見が欠けていた．いずれも，科学は科学者，技術者が役にたててくれるものと丸投げした結果だった．そして，最後に，科学者が，科学の発展には執着したが，科学の社会的役割を担う点では腰が引けすぎだった．

　科学は，科学技術の成果が何をもたらすか正しく予見するものでなければならない．予見できないなら，科学技術の適用範囲を厳密に検証できるようでなければならない．それでなければ，科学や技術をそのまま社会に丸投げするのは，幼児にピストルをもたせるようなものである．ダイナマイトの発明は土木

工事にすばらしい力を付与したが，戦いの場で大量殺人を犯す武器も生み出した．原子力は新たな強い力をもたらしたが，使い方によってはさらに強大な大量殺人の道具をつくり出し，放射線漏れによる人畜への危害もともなった．発明が悪かったのではなくて，その所産の使い方が問題だったのである．科学の健全な進展と，その成果の一般社会への普及は，文化の発展のためにも不可欠である．20世紀の科学は，科学者だけで発展させてきたきらいがある．そこに大きな落とし穴があった．役にたつ科学だけの進歩を求めることは，戦時には緊急避難の手だてとなるかもしれないが，平常時の指導原理となるべきものではない．本当に役にたつ科学とは，人々の生活を安全で持続的な繁栄に導く指導原理をもったものでなければならない．

　ユネスコは，国際科学連合（ICSU）と共同主催で，1999年のブダペスト会議において，科学の社会的責任についての宣言を採択し，science for society（社会のための科学）の確立を訴えた．科学は元来，科学の論理に従って発展するものであり，科学の進展はその筋書きで進められるべきであるが，同時に科学者は自らの科学的貢献を社会に向けることを忘れてはならない．これはすぐに儲けにつながる科学を推進しようということではなく，科学の社会的使命を確認しようとすることである．環境問題ひとつとって見ても，市民の科学的関心なしに事態が改善されることはない．科学的知見，科学的発想の普及は，社会に生きる科学者にとっても，もっとも期待される社会的貢献のひとつなのである．

第4講

農業の起源：
ライフスタイルと栽培植物

キーワード：栽培　狩猟採取　馴化　水稲　石器時代　農耕牧畜

　森の中に住んでいたヒトの祖先は，狩猟採取のライフスタイルを維持していた．すべての動物は，狩猟採取によって生活を成り立たせている．ところが，森を出て平原で暮らすようになったヒトの祖先は，農耕牧畜というライフスタイルを取り入れるようになった．自然からの恩恵を享受するだけでなく，自然を改変して自分たちの目的にかなうすがたに変貌させてきたのである．このことで，資源の安定供給が図られ，人の生活は安定して文化の形成を促す素地をつくった．栽培植物は，農耕牧畜へライフスタイルの軸足を動かした人が育ててきた叡智の貴重な産物だった．

狩猟採取から農耕牧畜へ

　ヒトは，人に進化する前は，森で生活していた類人猿（サルでないのだから類人類だといわれることもある）の一種だった．平原へ進出し，2足歩行を行うようになった一群の生物が，脳を豊かに発達させ，手を器用に使い，やがて人類の祖となったと説明される．人に進化した私たちの先祖たちは，火や道具を使うことによって，利用する資源の範囲を拡大し，資源の獲得の効率を高めるようになった．しかし，それでも他の類人猿と同じように，長い間狩猟採取の生活を続けていた．人類に進化した私たちの先祖たちも，最初のうちは資源の収集（狩猟や採集の技術）や利用の効率化には成功していたとしても，実際には完全に自然の産物に依存して生活していたのである．その頃の人はまだ自然に相反する人為・人工を振りかざすことはしなかった．

　あるとき，賢明な誰かが，採取した植物の種子を住まいの近傍に蒔き，収穫を期待した．この試行は結果を得るまでの期間，まだるっこしいものだっただろうが，収穫してみると，資源の安定供給に見通しを立てさせるものだった．またあるときは，狩りでたくさんの動物を捕まえ，食べきれない資源を貯蔵す

る傍ら，生きたまま住まいの周辺で飼うことを試みた人もあったらしい．狩りが不調のとき，飼っていた動物は貴重なエネルギー源となったに違いない．

人類はやがて自然の産物を直接に利用するだけでなく，自然物から自分に都合のよいものを育てることを始めた．野生の植物の種子をたくさん蒔いているうちに，栽培しやすい型の馴化も行われるようになった．飼育してきた動物のうちに，人になじみ，人の近辺で人に飼われて育つ動物の品種が馴化されてきた．農耕牧畜の萌芽がみられたのである．

農業のはじまりは，1万年以上前の旧石器時代にさかのぼると検証されている．自然界から採取していた種子や葉などを，住居の周辺で育てて資源の安定供給を求めたのであるが，最初に住居の周りで役にたつ植物の栽培を始めた知恵者は，どういう人だったのだろう．たまたま余った種子を捨てたら生えてきたという植物を育てたのだったか，採りに行かなくても家の近くにあったら便利だと思って種子を蒔いたのか．今から，植物の栽培のはじまりについての事実関係を知悉するのはむずかしい．

動物の飼育はいつから始まったか．資源としての動物の飼育が先だったか，狩りの助けにするためのイヌなどの家畜化が先だったのか，これも正確な記録はないようである．お話に出てくるところでは，資源としての動物たちの放牧が始まった頃には，どうやらイヌのような家畜も育っていたようである．

いずれにしても，狩猟採取から農耕牧畜へ，ライフスタイルを変換することによって，資源の安定供給が図られ，人の生活は豊かになった．豊かになった人が，文化を振興する余裕をもち，さらに豊かさを追究し，つくり上げてきたのが，その後の人の歴史だった．

人は生活圏を確保するために，部族間での争いを繰り返してきた．資源を安定的に供給するために，狩猟採取をするにしても，自分たちの生活を支える資源の供給を特定の場に求めるようになり，人口増加による資源への欲求の増大は，供給する場の拡大を必要とした．それはしかし部族間の軋轢を生むことだったが，これは動物たちのニッチに関する争いと基本的には同じ動物学的現象だったのである．

資源の安定供給を図るために，農耕や牧畜を始めると，部族の独立性は高められたのだろうか．ここでは人の歴史を資源とのかかわりで跡づけようとするのではない．しかし，ライフスタイルの変換が，歴史を塗り替えるきっかけになったことは確かである．

農業と牧畜

何が農業のはじまりにつながり，何が牧畜を発達させたのか．本当の理由は

第4講 農業の起源：ライフスタイルと栽培植物

図 4.1 ヨーロッパで典型的な農地（スイス）

図 4.2 タクラマカン砂漠では放牧がさかんである

よくわからない．ヨーロッパでは牧畜がよく発達したが，これは動物性タンパク質への希求が強かったことにも関係があるかもしれない．それならなぜヨーロッパでは動物性タンパク質が求められ，アジアの人たちは植物により多く依存したのか．とはいっても，エジプト，メソポタミアの両文明とも農業についても堅実な進歩の足跡を記しているし，果樹の育成の成果もこの地域で著しい．現在でも，農業はヨーロッパの基幹産業でもある．アジアでは農業が中心になって歴史をつくってきた．しかし，中国北部やモンゴルなど，牧畜が生活の基盤だったところもある．

温暖多雨のところでは農業が発達するが，乾燥した草原では牧畜が主体とならざるを得ない，という環境は否めない客観的条件である．実際，牧畜が資源獲得の主軸になった地域は乾燥地帯だし，農業は温暖多雨な地域で発展した（図 4.1，4.2）．

動物性タンパク質を得るのに，牧畜を行うところと，狩猟の形態を今でもとどめている漁業によるところがある．日本では，牧畜は振興しなかったが，畜産業は農業とのかかわりで進歩してきた．西欧風の食生活に慣れ親しむようになってからは，養豚，養鶏業などで大量飼育が見られ，動物性タンパク質の供給源となっている．さらに，四面海に囲まれている日本では，古くから漁業がよく発達した．最近では，漁業についても栽培漁業が大きい割合を占めるようになり，狩猟採取というスタイルから脱却しつつある．

本書は人と植物のかかわりを論じるものである．だから，畜産，漁業については触れないのが本筋かもしれない．しかし，放牧された家畜は牧草を食み，畜舎にいればトウモロコシなどの飼料が与えられる．水産業にはコンブやワカメなどが含まれるほか，魚や貝類なども食べ物としては基礎生産者の藻類などに依存していることに言及しておきたい（第27講参照）．

日本列島と農耕のはじまり

　日本列島は温暖多雨の気候に恵まれ，湯水をただで消費してきたくらいだから，植物を育成することで成立する農業には至適の場所だった．とはいっても，地形が複雑で，平地に乏しい日本列島では，食用の植物の栽培にふさわしい農地を得ることはむずかしい．そのため，農地は限られた面積の平野部のほかでは谷地を中心に展開し，人々の生活場所（村落）もわずかの平地の一部に求められた．人里の形成である．

　人里をつくるために，うっそうと茂っていた森林が伐開された．開拓された場所には，明るい場所を好む穀物が栽培された．はじめはヒエやキビが主要穀物だったらしい．そのうち，陸稲に続いて水稲が導入され，この効率のよい穀物が好んで栽培された．水稲のためには，ますます水利のよい谷地が好まれる．そこで，栽培効率のよい品種が育成され，単位面積割合でいえば相当多量の米の生産が確保されることになる．このようにして，国土の20％ほどが人里として開発され，日本人の食生活を支えてきた．

　日本では，早い時期から農耕が始められ，順調に進歩してきた．一方，牧畜はあまり発達しなかった．これは土地が起伏に富み，牧畜に適さなかったことによるのだろうが，そのため日本人は獣肉をあまりとらなかった．代わって，動物性タンパク質の補給のために，水産業が発達した．日本列島が牧畜に向かない立地であるのに対して，四面海に囲まれていることから，漁業が発達し，水産物が日本人の動物性タンパク質の供給源となってきた．日本の農業は，だから，牧畜との関連で展開してきたのではなくて，漁業とかかわりあいながら展開を続けてきたものだった．生物多様性とのそのかかわり方が，日本人の固有の心情を育ててきたものでもあった．

日本の農業の歴史

　日本における植物栽培の歴史といえば，主流は日本の農業発達史になる．

　日本で植物の栽培が始まったのは縄文時代のことである．農耕といえるような栽培が始まったのは，1万年以上前と推定される．最初に栽培されるようになった穀物は，アワやヒエだったが，数千年前にはイネが導入され，水田耕作が始まった．稲作も，はじめのうちは原野の湿地にところどころ囲いをして栽培し，焼き畑農業のような発想で，土地がやせてくると肥沃な部分に移って栽培するという土地利用をしていたらしい．そのうちに，人口の増加が見られ，需要が増大するにともなって，一定の区域に継続的に栽培する今のような農地の経営が行われるようになった．そのための水利を整えたり，やがては施肥をし

て土地が劣化するのを防ぐ対策も始められた．大化の改新は日本の農地を国家の統制の下に置く法制化のはじまりだったし，その頃には新田の開拓事業が積極的に推進され，日本の経済制度の根幹に稲作農業が置かれるようになった．

戦国時代の頃までは，農民が武器をとって戦場におもむくこともごくふつうのことだったが，豊臣秀吉の刀狩りなどを通じて，武士と農民は職能だけではなく，階級としても異なった氏族制に従うこととなった．国策としては，士農工商の4階級のうちで，農民は2番目に置かれはしたが，実際は商業に携わる商人たちの経済的な実力が階級をこえた影響力をもつようになり，江戸時代には農民はもっとも貧しい階級に落ちることになっていた．

明治時代以後は，石高制度による国の統治が行われていない．また，西欧文化の影響が強まるにつれて，日本人の食生活も変貌を遂げ，特に第二次世界大戦以後のいわゆるグローバリゼーションの影響を受けて，日本人の米食の比率は低下し，また食料も米以外のほとんどのものは輸入に依存するようになった．自然となじみあいながら，蔬菜類などから季節感を読み取っていた日本人が，地球上のあらゆるところから食品を輸入するようになって，食品や花卉に誘われる季節感はたいへん希薄になってきたのが現実である．

栽 培 植 物

文化といえば人に固有のものと説明され，科学，芸術，宗教などという知的活動が思い浮かべられる．しかし，文化は英語でいえば culture であり，この言葉は基本的には耕作（cultivation）を意味する．耕作されると栽培植物が育てられる．だから，栽培植物は文化と不可分離のものである．生物の飼育栽培が始められたのは旧石器時代，今から1万年以上も前のこととされる．人の文化が確立されてきたのと並行して，人が作出した飼育栽培動植物が創り出されたのである．栽培植物は人が育成した人為・人工の産物である．

科学や芸術，宗教が創出した文化財は，知的財産としてすぐれて貴重なものである．しばしばそれは，自然と対比して論じられる．しかし，最近になって，生物多様性の持続的利用とのかかわりで，天然資源の活用を知的財産と対比して論じる機会が多くなってきた．資源を保有する発展途上国と，進んだ科学によって培われた知的資産の保全を訴える先進国との，いわゆる南北対立の軸となっているところである．もともと飼育栽培によって，野生の動植物から遺伝子資源を活用した飼育栽培動植物を作出してきたのは人の技術だったし，それだけに，飼育栽培動植物には知的財産としての意味が含まれ，文化における付加価値が認められるのである．

栽培とは，食用，薬用，観賞用などの目的のために，人が植物を植え育てる

ことである．食用の植物の栽培の起源はそのまま農業の起源である．人類最古の農業は，東南アジアの熱帯降雨林の中で成立したと説明される．バナナやサトウキビが1万年以上も前から栽培されていたという説が有力なのである．東南アジアの農耕をウビ農耕文化と呼び，根栽農耕が1万年以上も前にこの地域で始まったとするのが農業起源論の主流である．ほかに，アフリカに起源するカリフ農耕文化（サバンナ農耕文化），オリエントに発するラビ農耕文化（地中海農耕文化），それとカリブ海で始まったアメリカ農耕文化と合わせて，世界の4大農耕文化というが，他の3つの文化圏における農耕の起源は，5000年くらい前にさかのぼるのに対して，ウビ農耕文化はその倍以上の歴史を誇るとされる（農耕文化の呼び名として，ウビ，カリフ，ラビなどの名称が使われるが，これはそれぞれの地域で「首長」を意味する言葉である）．

農業の発展にともなって作出された栽培植物の品種は，人類の生存にとって不可欠の大切な財産である．これをどのように維持し，さらに発展させるかは，人の文化にとって最重要な課題のひとつである．

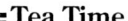

―――― Tea Time ――――

植物と人：文明が育てた植物たち

人が植物を栽培するようになってから1万年余の間に，人と植物の関係は大きく変化してきた．人は植物の進化に人為的な影響を及ぼし，人工的な植物の栽培品種を数多くつくり出してきた．自然環境のもとに生きる人は，人為と呼ぶ自らの行為の影響で変貌した植生の崩壊等による自然災害を招くことがあり，人間環境にはなはだしい営為を及ぼしてきた．最近では，種の絶滅や劣化が生物多様性の存続に危険信号を灯すし，人々の移動，物質の移動が激しくなることによって，意識的，無意識的に外来種の数を増やして，新たな生物多様性への危機，人間環境への危機をもたらしてもいる．

一方，人の文明が地球表層に変貌を強いるようになってから，環境の変化に対応する植物の変化（＝種形成）が認められてもいる．自然環境下における進化では，遺伝子突然変異をきっかけとして，有性生殖種では100万年単位の時間を経て種形成が行われる．進化の速度がきわめて速いとされる小笠原諸島のように隔離された条件下でも，種形成には数十万年単位の時間がかかっている．それに対して，人が地球表層に顕著な変貌を強いるようになったのはせいぜい過去2000数百年の間のことである．人の営為の影響で，種の絶滅はあり得ても，新しい種の進化はあり得ないという計算になる．

ところが，何かの突然変異をきっかけとして，種の特性に顕著な変動が起こることがある．染色体突然変異もその例である．植物の場合，種間雑種を形成

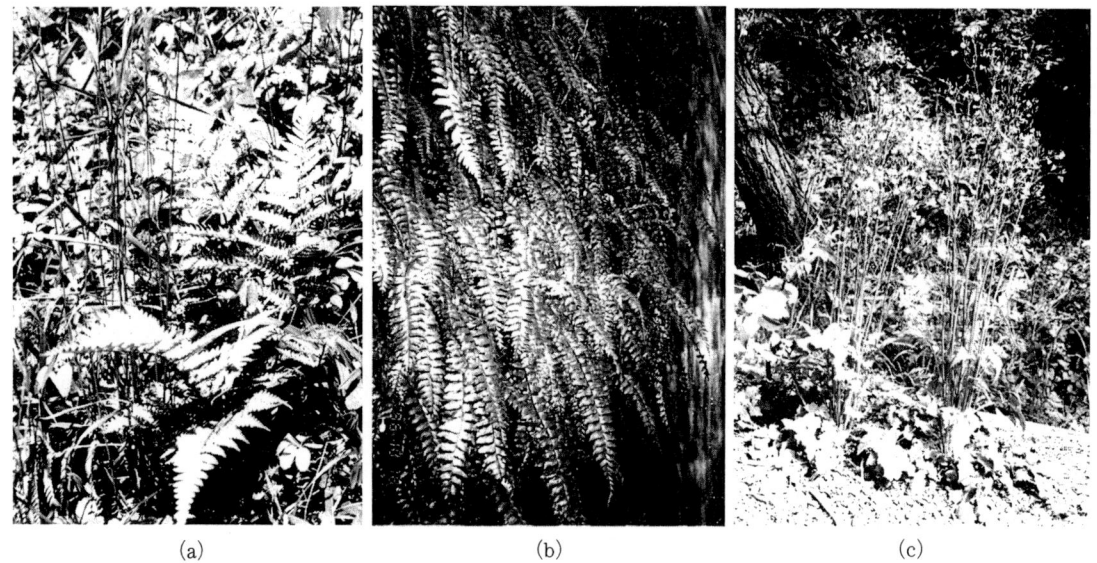

図 4.3　日本でふつうに見られる無融合生殖種の例
(a) ベニシダ，(b) ホウビシダ，(c) ニガナ．

することが自然界でも珍しいことではなく，交雑と倍数化の組み合わせが新しい型を生み出す例はよく知られている．網状進化と呼ばれるような種の多様化は，いろいろな植物群で確かめられている事実である．倍数化が種形成につながることも知られている．

　さらに，有性生殖を放棄し，無融合生殖をする突然変異を生じた系統では，新しい型を生み出し，そのうちには人為的な環境に適応するものが少なくないのである（図4.3）．もっとも，有性生殖を放棄する進化が人為的な環境に適応するのなら，それは自然状態における進化とは違った新たな問題もはらむことを指摘しておきたい（岩槻，1997）．

第5講

焼き畑，棚田，里山，そして近代農業

キーワード：奥山　　里山　　循環型社会　　水稲　　日本列島　　人里

　日本の農業は特別な形態で発達している．植物の生育にふさわしい気象条件，農地を得るのがむずかしい地形，そういう景観に育ってきた日本人の自然に対する感性，それらを集成して，日本列島は，人里，里山，奥山と色分けされ，自然の特性を十分に発揮するように開発されてきたのだった．人里で単一作物の効率的な栽培を行い，里山で狩猟採取の補助的活動を続け，奥山の森林を自然そのものと崇めてきた．自然を変貌させた人里には，かならず鎮守の森に包まれた祠を置き，破壊した森林の姿を遺す奥山の依り代とした．里山を介して，農業生産，狩猟採取の生活型，奥山の自然との共生という理想的な循環系を成り立たせてきた日本人は，自然との共生を見事に生き抜いてきたのである．百万都市に育った江戸でさえ，循環系を維持した都市開発が行われていた．日本における農業の展開と，それを通じて私たちの先祖たちが自然とどうかかわってきたかを整理してみよう．

焼き畑から水田へ

　イネには陸稲と水稲がある．陸稲の栽培は焼き畑で行われた．焼き畑がつくられた地域では，アワやヒエなど，乾いた畑に雑穀がつくられるかたちがはじまりだったから，比較的早い頃に陸稲が導入されたと推定されている．稲作も中国から導入されたが，焼き畑へ陸稲が入ってきたのは縄文時代の後期と説明される．

　水稲栽培は，陸稲と独立に日本列島へ導入されたものだろうか．日本における水田の遺跡としては，静岡県の登呂遺跡が著名である．3世紀前半の弥生時代後期の遺跡である登呂では，広範囲の水田地帯が確認されている．しかし，考古学の最近の知見によると，実際には，弥生時代にはもっと広範に水田耕作が行われていたらしく，すでに西暦紀元の頃には，東北地方ででも水田の遺跡や，米の栽培の事実が跡づけられている．ただし，初期の頃の水田はせいぜい

20m²くらいの面積にとどまっており，手作業で小さな水田がつくられていたようである．

水稲も中国から伝播してきたとされ，中国南部から琉球を経て日本列島へ持ち込まれたという．しかし，日本の米はいわゆるジャポニカ米で，中国で広く栽培されるインディカ米（長粒型のいわゆる外米）とは異なっている．ジャポニカ米が栽培されるのは今では日本と韓国（朝鮮半島）だけである．ジャポニカ米の起源として，雲南省から北タイなどで栽培される赤米のような短粒型に似た品種が比較されることがあるが，それにしても，中国から琉球を経て導入されたものという話と整合性があるだろうか．このように，起源と伝来の経過については問題は残されているが，イネが日本で紀元前にすでに栽培されていたことはどうやら確かなようである．

水稲が栽培されるようになると，急速に日本列島に普及した．これは温暖多雨の日本の気象が水稲栽培にふさわしいものだったことによるだろう．水田は平らな土地を必要とするので，平地の乏しい日本では，水田の稲作は，わずかな平野以外には，谷地などに局限された．しかし，イネと並行して導入された鉄の利用が弥生時代の新しい文化を創り出し，日本を支配した大和王朝は稲作の推進によって勢力を強め，7世紀の大化の改新とその後の律令制によって，稲作を基本とする土地制度が日本の経済制度の根幹をつくることとなった．以後，稲作の推進が，農業にとどまらず，日本経済の基盤となった．

人里，里山，奥山

日本列島の地形は複雑で起伏に富んでおり，平地が乏しいために，水田耕作をするとなれば，利用できる土地はごく限られた範囲にとどまる．実際，今日に至るまで，日本列島のうち，人が住み，水田耕作を行う面積は，谷地と呼ばれる谷間を中心に，国土全体のおよそ20％にとどまっている．列島改造が話題となり，日本列島の利用区分がずいぶん変動したように見えても，人里と呼ばれるべき面積が全体の20％程度であるという状況に根本的な変化は生じなかった．

水田耕作が可能な平地のある平野は限られているのだから，実際農耕が行われるのは水利のよい谷地でだった．日本では，人が住むのも谷地近辺がふつうである．この点，耕して天に至ると詠まれた中国西・南部とは事情が違っている．中国西・南部では，高低差が軽く1000mを超える斜面を棚田に開発しているが，この場合，山頂近くの稜線で水利のよいところに，緑を豊かに育てた村落が発達する．人々は高地に住み（図5.1），斜面を下って耕作に従事する．

谷地周辺など，低地の約20％を人里として開発してきた日本列島で，徐々

図 5.1 中国の農村（雲南省）
(a) 中国東南などでは，村落は山の中腹や鞍部で水利のよいところにつくられる．
(b) 「耕して天に至る」と詠われた棚田．

図 5.2 日本の里山と人里
村落は低地につくられ，社は鎮守の森に護られる．

に増大する人口を支えるためには，たとえ四囲の海洋を利用し，漁業を発達させたとしても，資源不足を嘆ぜざるを得なかった．そこで，先祖たちがはたらかせた知恵は，人里の後背地の丘陵地帯を活用することだった．なだらかな丘陵や山麓から，薪炭材，山菜などの食料，薬用植物など，補助的な資源を得て暮らしたのである．人里で農耕に依存した生活をするのと併用して，丘陵地で狩猟採取を維持した生活を続けてきたのである．このように人里と相補的に活用してきた後背地を里山という（図 5.2）．里山という用語を普及させたのは四手井綱英であるが，この言葉はすでに江戸時代（1759 年）に寺町兵右衛門が使っていたという（服部, 2005）．

このようにして活用した里山は国土の約 20％に達しており，人里とともに，

日本人の日常生活を支えてきた．そのため，日本列島の残りの半分くらいは奥山と呼ばれ，自然が保全される地域として維持されてきた．日本人は，人里と里山できれいな循環系をつくり，国土の保全もほぼ完璧に成功させてきたのである．循環系を維持するライフスタイルは，百万都市に成長していた江戸のような大都市でさえも十分に機能していた．

近代農業

　明治時代に入り，西欧文明が怒濤のように流入したが，こと農業に関しては，近代的機器等が導入されはしたものの，明治時代には基本的なスタイルに変更はなかった．水田耕作が欧米の農業のスタイルではなかったため，学ぶべき点がそれほど多くなかったからかもしれない．しかし，20世紀後半になって農業構造改善事業などが推進された結果，農業の機械化，近代化は進んだが，それにともなう諸々の問題を持ち越すことにもなった．ごく最近の日本の農業は，品種改良や肥料，農薬の高度化による生産量向上に目覚ましい成果を示している．

　ごく最近になって，食料の輸入量が膨大となり，食料自給率が極端に低下している現実が，日本の農業にとっては大きな問題となっている．地球規模では，人口が60億を超えた現在も，食料資源の確保は可能な水準にあるとされている．各地で飢餓が問題とされるのは，運送に偏りがあり，分配に不公平があるためらしい．現に，日本では，実際に提供される食料のうち，食べられないままに捨てられる分量が何十％という割合にも達していると非難される．

　日本の農村の変化は，1960年代頃からのいわゆるエネルギー革命によって決定的な様相を呈してきた．里山からの薪炭材の採取がなくなり，2次林がきれいに維持されてきた里山が放棄され，崩壊の危機に瀕している．これは，実際には農業の近代化の問題ではなくて，日本人のライフスタイルの変換がもたらしたものである．しかし，農業構造改善事業によって改変された農地における動植物の生活に変化が生じたこと，農薬によって在来の生物種の動態に大きな変化が生じたことなども加わって，里山の利用放棄による荒廃が日本の生物多様性に及ぼしている危機は看過することができない状況に達している．日本の農業のあり方についてはさまざまな提案が行われ，諸種の施策が施されているが，国際的な需給の状況にあわせて，望ましい方策が常に現実の問題として追究されるべきである．

　農業の分野でも，環境保全農業の考えが取り入れられ，至近の過去のある時期のように，生産量を上げるためにはすべてを犠牲にしてもよいというような考え方はとられず，生物多様性を維持しながら農産物の多産を図るという方策

が模索されている．『沈黙の春』でレイチェル・カーソンが厳しく指摘した人為・人工の跋扈に対する反省が広く共感を喚び，このような配慮をもたらすことになったものである．

━━━━━━━━━━━━━━ Tea Time ━━━━━━━━━━━━━━

循環型社会

　日本列島の開発は，人里，里山，奥山の仕分けを上手に設計し，自然を人為・人工によって変貌させ，江戸時代まで見事に整った循環型社会を形成してきた．その生活の様式は，百万都市となった江戸にまで徹底して浸透し，江戸の街の廃棄物もすべて有効に利用され，そのために国土の半分が奥山としてきれいな森林で維持され，自然を畏敬する場とされてきた．ごく最近まで，たとえば空から日本へ帰国した際，緑豊かな国土へ帰ってきたことに安堵感を誘われたものである．

　ユネスコのMAB（人と生物圏計画）が1976年に設定した生物圏保護区の保全のための区割りは，完全に手つかずの保全を求める核心地域，その周辺の緩衝地帯，そしてその外側に多目的利用地帯を置くことにした（図5.3）が，この考え方は世界自然遺産の設計にもそのまま採用されているし，最近の自然保護地域の設定の際にはよいモデルとされている．

　弥生時代以来の日本列島の開発は，奥山（核心地域），里山（緩衝地域），人里（多目的利用地帯）を設定したもので，まさに現代の自然保護区設定の模範となるようなものだった．里山の自然を護ろう，などといわれることがあるが，里山はたびたび述べているように，人為・人工が加わって変貌した景観であり，原始自然の面影が遺されているものではない．人為・人工を自然の反

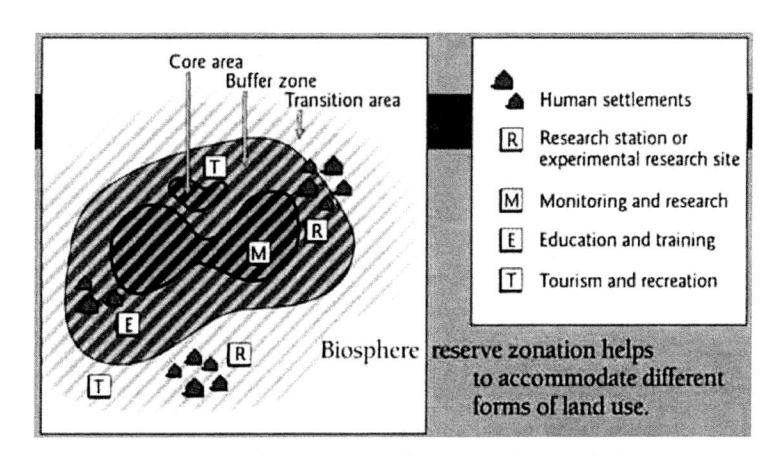

図5.3　ユネスコのMAB（人と生物圏計画）による生物保護区保全のための区割り
（ユネスコ・MAB編，1987より）

対語だという辞書の定義を採用するならば，里山には自然のかけらも遺されていない．しかし，私たちが希求する自然のすがたが，里山には遺されている．里山をつくり出し，維持してきた私たちの先祖は，人為・人工を自然の反対語とせず，自然となじみながら自然を変貌させてきたという実績がある．人と自然の共生を見事に演出してきたのである．

　最近になって，人と自然の共生を求めることが，環境対応のひとつの標語となっている．残念ながら，人為・人工を自然の反対語に育て，自然を征服することこそ科学技術の成功であると思ってしまった人たちが，20世紀後半に自然から厳しいしっぺ返しを受け，21世紀へ持ち越した最大の課題は環境問題であるなどと認識し，あらためて人と自然の共生を描き出そうとする．しかし，人為・人工を自然の反対語に育て上げた人たちに，相対立するものどうしの共生を描き出すことなどできるのだろうか．新石器時代を育て上げた先祖にならい，自然となじみあいながら自然の変貌を生み出していく姿勢がなければ，人為・人工と自然は反対語であることを止めず，人と自然の共生などはあり得ず，その結果生物多様性の持続的利用はできずに，地球環境を破壊した人類の絶滅の路線が見えてくるようになることだろう．

第6講

育種1：栽培植物の起源

キーワード：育種　穀物　栽培　雑穀　野生植物

　狩猟採取から農耕牧畜への生活様式の転換は，植物の栽培，動物の飼育のはじまりと並行する．人以外の動物は，他の動植物種の意識した飼育栽培はしないが，相互に深い関係性を有する共生関係の進化は，生物の異種間の緊密なかかわりあいを生み出した現象といえる．しかし，それと違って，自己の生活に利用するために，自己以外の種の飼育栽培を始めたのは，自然の進化のひとつである共生（共役関係）とは違って，知的活動を始めた人に固有の人為的な活動の結果といえるだろう．

　植物の栽培のはじまりは，野生種を住居の周辺などに集める馴化だったに違いない．しかし，知的活動を錬磨してきた人たちは，やがてすぐれた変異型の選抜など，技術を駆使した新品種の作出を始め，栽培植物の起源が見られるようになった．人によって育種された栽培品種は人為・人工の産物であり，自然物とは異なった産品（文化財）になっているといい得る．

植物を管理する

　意識して人が植物を栽培し始めたのがいつで，どのような目的の栽培だったのか，今から跡づけることはきわめてむずかしい．可能性としては，食べ残した食用の植物が住居周辺で芽生えてくるのを育てた，常備的に必要な野生の薬用植物を意識して住居周辺へ持ち帰って育てた，美しいと感じた草花を住居周辺に飾るために植え育てた，などが考えられる．しかし，このようにして植物の栽培を始めたとしても，それはどちらかといえば偶発的なもので，野生植物をそのまま住居周辺などに栽培し，馴化したものにすぎず，系統立った栽培植物の育成だったとはいえない．遺跡にも残るほど系統立った植物の栽培を始めたのは，社会生活を維持し，生きていくために最低限必要な食物資源を確保するための植物の栽培だったのだろう．それも，蔬菜や果樹などより，主食となる穀物だった可能性が高い．

農耕が日本へもたらされたのは，中国（韓国を経て）と東南アジア（黒潮海流に乗って）の2ルートが考えられる．東南アジアからは，しかし，根栽農業が導入されても，日本の基盤農作物として定着することはなかった．サトイモなどのイモ類は栽培されるものの，決して主要食糧ではなかった．また，サバンナ文化圏から，ムギも導入されただろうが，これも主食にはならなかった．日本列島における初期の農産物は雑穀類だったらしいし，やがて，イネが導入されて，日本における主要農産物となり，日本文化をつくる基盤ともなった．

日本列島で最初に栽培された穀物はアワ，ヒエ，キビ（図6.1）などの雑穀類だったらしい．イヌビエ（図6.2）は日本の野生種であるし，エノコログサ（図6.3）からアワへの品種の作出もあり得ることだった．もっとも，日本で最初に栽培された穀物は，中国で栽培されていた技術が日本へ導入されたものらしいというのが確かなようである．むしろ，日本に自生状態で見られるイヌビエやエノコログサが，元来の自生種なのか，いわゆる史前帰化植物なのか，まだ研究の余地がある課題である．

ヒエ（稗）　ヒエは紀元前から利用されていた一年草で，やせ地に強く，山間僻地で雑穀として育てられてきた．日本でも，縄文遺跡から炭化したヒエの小穂が発掘されているが，中国から導入され，栽培されていたと説明される．ヒエはイヌビエのうち，脱粒しない個体を選別して育成した栽培型である．母種のイヌビエは水田中やその周辺で今でも野生状態で見られるものであり，世

図 **6.1**　日本列島で最初に栽培された穀物（福田泰二撮影）
(a) アワ，(b) キビ，(c) ヒエ．

図6.2 イヌビエ
栽培される稲田に生えてくることも多い．

図6.3 エノコログサ
人里にごくふつうの雑草である．

界の熱帯と温帯に広く分布するが，この分布が自然のものか，人の影響を受けたものか，今から確かめることはむずかしい．日本にももとから野生していたものか，ヒエの導入にともなって入ってきた外来種（史前帰化植物）か，決め手になる証拠はない．

　アワ（粟）　アワは黄河流域で栽培が始められたと考証される．甲骨文字で「禾」といえば，禾本科＝イネ科のもとになった字である．日本でも縄文時代から栽培されていた．酒＝泡盛の醸造との関連は言葉に残っているし，今でも粟餅に使われる．栽培されているアワの原種はエノコログサであり，この種は世界の温帯に広く分布しており，日本にも雑草として繁茂する．アワと交雑してできたオオエノコロも野生状態で見られるし，ヨーロッパ原産のザラツキエノコログサ，中国原産のアキノエノコログサもふつうに見られる．ほかにも外来種でエノコログサ属のものはいくつか知られ，エノコログサも史前帰化植物のひとつでないという証拠はない．

　キビ（黍）　キビの起源についてはまだ定説がないが，近縁種はインド，パキスタンに自生しており，また中国では古くから遊牧民が育成していたらしく，石器時代には穀物の代表のひとつだったらしい．ヨーロッパにも3000年くらい前に導入されたといわれるが，日本へ入ってきたのは，アワやヒエに比べても遅れてのことだったらしい．ヌカキビやハイキビなど，日本で見られる野生種もあるが，キビ属には世界に600種も記録されており，日本にも外来種がいくつも野生状態で生育している．

野生植物と栽培植物

栽培植物は野生の植物から選抜され，育種された．最初の栽培は野生種をそのまま栽培したもので，住居周辺に栽培するための馴化も，新品種の作出というほどの人為を加えるものではなかったに違いない．

栽培植物の起源についての考察は広範囲に行われている．世界のどこでどのように栽培植物が作出されたかについてもずいぶんよく整理されるようになった．ロシアのバビロフが栽培植物の起源地を整理したが，その説をもとに，世界に8つの作物の起源の地を設定する考えが広く認められている（表6.1）．

何のために栽培するか

農耕牧畜といううち，植物栽培の起源は食用作物に限らない．植物栽培の理由には，食用の植物の栽培，主食となる穀物等の栽培と副食の蔬菜類（第22講），嗜好品（第18講），果樹（第24講）などの栽培のほか，園芸植物（第23講），薬用植物（第16講），木材のための森林（第25，26講）などの栽培があるし，牧畜とのかかわりで牧草を育てるのも栽培のひとつであるほか，最近では環境保全のための緑の環境育成（第26講）も植物栽培のひとつの型となっている．栽培という言葉は動物の飼育と対応させて植物を対象に使うが，漁業に関しては栽培という言葉が使われ，栽培漁業などという言い方がふつうに用いられる．もちろん，植物と人のかかわりを対象とする本書では，栽培という言葉も植物に限って使うことにしている．

食用，薬用，観賞用など，いずれにしても栽培するのは人のために，である．

表6.1 世界の8大栽培植物起源地と主な起源作物

起源地域名	穀類・ナッツ類	マメ類・イモ類	野菜類	果物	その他
中国	キビ, ヒエ, ソバ	ダイズ, アズキ	ハクサイ, ネギ, ハス, ゴボウ	ナシ, クリ, カキ, ビワ	チャ
インド・インドシナ	イネ	タロイモ, ヤムイモ	ナス, キュウリ	オレンジ, レモン, バナナ, マンゴー	サトウキビ, ココヤシ
中央アジア	ピスタチオ, アーモンド	ソラマメ, レンズマメ	タマネギ, ホウレンソウ, ダイコン	ブドウ, リンゴ	ワタ
近東	コムギ, オオムギ, エンバク	エンドウ	ニンジン, レタス, メロン	イチジク, サクランボ	
地中海			キャベツ, カブ, アスパラガス, セロリ		テンサイ, ナタネ
西アフリカ・アビシニア	モロコシ(ソルガム), シコクビエ	ササゲ, ヤムイモ	オクラ, スイカ		コーヒー, ワタ
メキシコ南部・中米	トウモロコシ	インゲンマメ, サツマイモ	カボチャ, アボカド	パパイヤ	カカオ, ワタ
南米・アンデス		ラッカセイ, バレイショ, キャッサバ(マニオク), タロイモ	トマト, イチゴ, トウガラシ		タバコ, パラゴムノキ

資源として活用することが基本ではあるが，観賞用の場合などは物質・エネルギー志向でいう資源とは少し異なった目的かもしれない．しかし，いずれにしても，栽培される植物は人にとって役にたつ有用植物であり，それはそのまま経済植物につながるものである．

　栽培が始められたのは，資源の獲得が容易で安定したものにするためだったと説明される．しかし，日本における農耕牧畜の起源とその後の発展を見てみると，単一作物の栽培をし，資源の獲得を効率的にすることに成功して，狩猟採取の時代ほど野生生物に強い圧迫を加えなくなったという側面に気づく．ヨーロッパや北米のように，面的な開発を行って原生林を徹底的に破壊してしまったところでは，地球表層の環境に及ぼす影響は決定的だった．しかし，日本では，農地としての開発は今にいたっても国土の20％くらいで，半分くらいの面積は奥山として保全されてきた．そのために，農地で獲得される資源の不足を補う場としての里山が利用されてきたが，そのことについては第5講で触れたとおりである．そして，ここでは，農業の発達により，単一作物の栽培という方法で資源の入手を効率的にしたことが，背景としての奥山の自然を保全することにつながっていたことに言及するにとどめよう．

野生植物の利用から人工物の利用へ

　狩猟採取から農耕牧畜へライフスタイルの軸足を移すということは，野生植物をそのまま利用することから，人工物である生き物を利用することへの転換だった．栽培植物は人がつくり出し，育て上げたものであり，生物ではあるがもはや自然物ではなくて人工の産物である．実際，栽培植物，特に農産物を作物という．

　人工の産物である栽培植物の多くは，人の管理がなければ生きていけない．こぼれた籾のうちのあるものは野外で発芽し，イネの植物体を育て上げることがあるが，これが何世代もその場で生きていけると保証されるものではない．人が管理してはじめて旺盛な生を生きるのだから，自然物ではなくて人工の産物であるといわざるを得ない．同じことが飼育動物についてもいえるし，農産物だけでなく，林産物についてもいえるだろう（しかし，栽培植物であっても，園芸植物や林木を作物ということはない）．

　しかし，人は狩猟採取だけで生きていけるものではない．人口増は資源に対する需要を広げることになった．そのためには人工物によって資源確保の効率を高めることが必然だった．石器時代に入って農耕牧畜を始め，人工物である作物の育成を通じて資源の供給を豊かにすることに成功した．さらに，育種技術を磨き上げることによって，栽培植物が資源として効率よく活用されるよう

になってきた．

　野生植物を栽培植物に転換するために注目された点は何だったろうか．これを簡単にまとめると，

　① 種子が容易に脱落しないようにする．脱粒性を小さくするという．野生植物では種子は母体から容易に離れて，広い地域に広がる必要があるが，作物では，散布は人がしてくれ，逆に脱粒性が小さいことで作業が容易になる，

　② 種子の休眠性を弱める．野生植物では環境に対応して発芽するため休眠性を維持する必要があるが，作物では人が設定した環境で発芽できるように，休眠性は強くない方が管理しやすい，

　③ 人が必要とする部分の収量を増加し，品質（味や栄養価など）を高める，

などがあげられる．作物には人にとっての有用性と管理の便宜さが求められるために，野生植物とは異なった性質が付与され，逆に人の管理がなければ生きていけなくなった作物は，人の技術がつくり出したものであり，自然の産物というよりは人工物とみなす方が正しいだろう．

　21世紀に入って，人口増が止めどなく続く現実では，さらなる育種技術の向上が期待され，バイオテクノロジーの振興が人類の生存を支える鍵であると考えられるようになってきた．もっとも，化学肥料や農薬の導入が農業に飛躍的な生産増をもたらすと同時に，さまざまな薬害等をもたらしたごく最近の経験も忘れてはならない．新技術の導入は，常に，安全を最優先にされるべきものであることは，いうを待たない．

　日本人は，しかしながら，人里で生産量を高めることに努めてきたが，並行して里山で山菜採りなどを続け，自然物と親しむ生活を維持してきた．自然と親しむことを通じて，自然となじむ方策を自ずと身につけてきたという側面も見過ごすことができない．

第 7 講

育種2：江戸時代の育種

キーワード：アジサイ　　元禄時代　　史前帰化植物　　植物園　　ソメイヨシノ

　園芸植物をはじめ，さまざまな動植物の育種に絶大な成果をあげたのは江戸時代だった．それまで限られた種だけが栽培されていたが，江戸時代にいたって栽培植物はまさに百花繚乱の時を迎えたといえる．育種の手法が花開いた時期である．江戸時代には，人々の生活がそれだけ安定し，裕福な階級の人たちが園芸に関心をもっただけでなく，一般庶民も身の周りを植物で飾る余裕をもつようになっていた．

　江戸時代の日本の育種が特別にすぐれた成果を見せたことは顕著な事実である．ウンシュウミカンをつくり，ナシの品種を改良し，カキの栽培に成果をあげた果樹園芸の品種の育成，尾長鶏や緋鯉，出目金（金魚）などに見る愛玩動物の多様な品種の作出，サクラソウ，ハギ，サクラ，ウメ，キク，カキツバタなどすでに栽培に定着していた花卉・花木はいうに及ばず，マツバラン，イワヒバやカンアオイなど野生植物についても多様な品種群を育成していたことなど，いずれも特筆に値するほどの成果である．これほどの成果を生み出した背景と，実際の成果とは何だったのだろう．

江戸時代までの日本の育種

　海外から導入するだけでなく，栽培植物の品種の作出については，日本には古くからすぐれた伝統があった．歴史に記録される以前に日本へ導入されたとされるいわゆる史前帰化植物にして，すでに導入，定着にそれなりの工夫が加えられてきた．しかし，それらの多くは野生種を改良し，馴化して栽培したもので，栽培品種を多様に分化させるような試みはあまり成功してはいなかった．

　史前帰化植物という呼び名は前川文夫（1943）によるものであるが，日本へは中国，韓国などから多様な植物が，有史以前に導入されていたらしい．これは自然分布とは異なり，人の移住などに伴い，生活関連の有用な植物として日

本へ持ち込まれたものだったのだろう．たとえば，ヒガンバナは中国には2倍体有性生殖型も知られているが，日本ではすべて3倍体で栄養繁殖している．田圃の畦や墓地など，人為の及んだ場所にもっぱら生育するが，これはかつて救荒植物のひとつとして，飢饉などの際には貴重な食料となったものだったらしい（図7.1(a)）．現に栽培する穀物等に限らず，このような植物を危機の際の予備に身の周りに半野生状態で維持することを，有史以前の先祖たちがすでに学んでいたのである．トチノキの大木が残されているのも同じ意味である．日本へ人為的に導入されたと推定される史前帰化植物として，前川文夫があげているのは，表7.1に示すような種である．

日本で栽培に馴化された野生植物もいろいろあるらしい．前項で触れたアワもそのひとつである．カキも日本で栽培化されたものとされる．アジサイも野生のヤマアジサイから日本で作出，育成された栽培型であるが，後にイギリス

図7.1 史前帰化植物
(a) ヒガンバナ，(b) ナズナ．

表7.1 史前帰化植物

定義：縄文・弥生時代に畑作や水田耕作が始められ，大陸から技術や材料が導入された際，作物の種子などとともに導入された外来植物．なじみ深い例を示す．

水田雑草	イシミカワ，イヌタデ，イヌビエ，ウリクサ，ギョウギシバ，タカサブロウ，タマガヤツリ，チカラシバ，ニシキソウ，ミチヤナギ
畑雑草	オオバコ，カタバミ，コアカザ，スズメノカタビラ，スズメノテッポウ，タガラシ，タネツケバナ，ツユクサ，ナズナ，ハハコグサ，ハルノノゲシ
その他	ヒガンバナ

へ導入され，矮生型に育てられた型が鉢植えの状態であらためて日本へ導入され，これはハイドランジアと学名のカタカナ書きで呼ばれることでハイカラさが強調されている（第23講 Tea Time 参照）．

　ただ，江戸時代までは，野生植物が栽培型に馴化されるにしても，栽培される型は決まりきったものだった．サクラにしても，ヤマザクラやエドヒガンが栽培されていたが，これらはそれぞれ野生型が栽培に馴化されたもので，現在のように多様な栽培品種が確立されるようなことはなかった．江戸時代以前の人々のこころには，多様な野生生物への関心はあったかもしれないが，栽培型に多様性を持ち込み，多様な果物や野菜を味わったり，花卉を観賞するために多様な型を人工的につくり出そうという意欲はまだなかった．果樹・蔬菜類の品種改良は，味覚の向上の面でも収量の確保の点でも当然の発展と理解しやすいが，花卉・花木については，たとえ住宅周辺に持ち込んで栽培条件下に置いても，できるだけ自然のありのままのすがたを鑑賞していた日本人が，人工によって多様なすがたを生み出し，それを珍重するようになったのはなぜか，それが江戸時代だったのがどういう意味をもっているのか，興味深いことである．ただし，江戸時代までの日本ではチューリップやバラのような華美な園芸植物が流行するのではなく，あくまでも侘び，寂びを基調とする園芸であったことも，庭園の歴史と並行して，ヨーロッパの園芸と異なった特性を示してきたところである．

江戸時代の育種

　江戸時代に入り，飼育栽培動植物の多様化の技術が花開いたのは元禄時代だった．平和が維持され，豊かな階層が育ったことが，生きるための飼育栽培動植物だけでなく，観賞，愛玩の動植物にも多様化を望む人たちを育んだのである．豊かさは人のこころに余裕をもたらし，美への追究は文学や絵画，音楽などの芸術にも新しい展開を刻んだ．それがまた人々のこころの中で美や真実への志向を高めることにつながった．生活の中で，豊かになった食事や嗜好品に多様性を求め，こころの豊かさを演出する花卉園芸にも新しい流れを創出した．そうなると，日本人の創造に向かう意欲が花開き，動植物の育種に大きな成功をもたらすことになったのである．

　西欧においても，栽培品種の多様化は貴族をパトロンとして育った．植物園などの施設も，多くは貴族の庭園に源を発するものだった．しかし，植物園が資源の開発と関連して育ってき，だから植物学の研究と密接にかかわりあいながら発展してきた歴史は，日本には育ってこなかった．日本では，植物園は美しい花卉を栽培する場所であり，人々のこころを癒す遊園地として機能してき

た．動物園と対比して植物園と呼ばれてきた日本の状況を，zooと違って一貫してbotanical garden（植物学の園）と呼ばれ続けている欧米の植物園の場合と対比してみると，現実をうまく表現しているのかもしれない．

　もっぱら富裕層の活動に対応して植物園等が園芸植物の多様化に寄与した19世紀までのヨーロッパなどと違って，江戸時代に日本で飼育栽培動植物にはなはだしい多様化が見られたのは，かならずしも豊かな人々の活動のせいだけではなかったとも思われる．日本では，江戸のおもむきも残っている都内の狭い小路の奥などで，つぶれかかったような鉢棚にさまざまな植物が栽培されているのに行き当たることがある．私の母なども，山の麓の陋屋に住んでなお，当時は有り余るほど繁茂していたセッコクやエビネを自分で山から持ち帰って，庭ともいえない開放的な宅地にいろいろ植え込んでいた．日本人の血の中には，自然の美を身の周りに置きたいという希望が流れているというのだろうか．特別に美しいものを求めるのではなく，山路来て何やら床し，と感じる素朴な美に感動を覚えるのである．その気持ちが，戦乱のない元禄の世には，一方では華美絢爛さを求める風潮の中で，異常なばかりの生物の多様性を期待し，それをつくり出すことにつながったのだろう．

　たとえば，マツバラン（図7.2）は，日本でも限られた暖地に局限して知られる種で，花が咲かない地味な植物であるが，江戸時代には栽培に関心をもつ人たちが少なからずあったようである．しかも，栽培しながら，いくつもの品種を作出していた．1836年刊行の『松葉蘭譜』には120余品種が図示，記載されているのである．そのうちの天龍と名づけられた品種は胞子嚢が枝の先端に

図7.2　マツバラン（福田泰二撮影）

つく型で，これはマツバランの植物学にとって貴重な型でもあった．著名な植物多様性の教科書であるD.W.Bierhorstの"Morphology of Plants"（1971）にも，この型の大きな写真が掲載されている．

　江戸時代における栽培品種の作出は，ほとんどが変異型の選抜によるものだった．多様な変異型を観察し，それから有用なものを選び出す手法は，ナシの「二十世紀」の選抜，育種などでも効果をもたらしている．江戸時代の新品種作出には多様な変異の導入，有用な型の選抜という手法が主力だったのは，宜なるかなである．江戸時代も元禄以後の動植物の新品種の作出には目を見張るものがあり，ヨーロッパから来日したプラントハンターたちをも感動させたものであるが，これらの育種は勘を頼りに，変異型から好ましいものを選抜してつくり出したものだった．

========================= Tea Time =========================

多様性を生み出す職人芸

　育種家といえば，まずアメリカのバーバンク（1849～1926）の名があげられる．ダーウィンの著書に刺激を受けて独学で勉強した人で，職人芸の極致に達した育種家だった．交配と集団淘汰を組み合わせた独自の手法を用いて，種なしスモモ，刺なしサボテン，芳香のあるダリアなどの優良品種を作出したほか，イチゴ，クリ，クルミ，トマト，ブドウなどでも品種の改良に成果をあげた．実際に品種改良を行うことに専念し，著書は残していないが，彼の業績を評価してつくられたバーバンク協会が，その記録を詳細に整理して残している．

　同じ頃，旧ソ連で活躍した育種家にミチューリン（1855～1935）がある．彼も鉄道員をしながら果樹の耐寒性品種の作出に成果をあげた在野の育種家だったが，初期には学会からは無視されていた．彼は一貫してダーウィンの学説を信じており，接ぎ木による栄養交雑法や遠隔交雑の手法は独創的だった．1922年頃からレーニンが彼の技術を認めるようになり，ルイセンコ（1898～1976）が高く評価したことから，ルイセンコ学説とともに政治的に利用された．

　日本で飼育栽培動植物の品種改良が進んだのは江戸時代，元禄以後で，尾長鶏，緋鯉，出目金などの動物と並んで，花卉・花木でも，アヤメ類（図7.3），キク，サクラソウ，ハギ，ウメ，サクラなど，また果樹ではミカン，カキ，ナシなど経済的な有用性の高いものをはじめ，好事家の間でもてはやされるものまで，さまざまな植物群で新品種が数多く生み出された．これらはすべて科学には直接関係のない育種家によって生み出されたもので，当時の日本の育種家

図7.3　アヤメ類

図7.4　東大植物園のソメイヨシノ
ここにはタイプツリーがある．

の技術，能力の高さを示すものだったといえる．

　ヨーロッパでは19世紀のはじまり頃までに，交雑をきっかけにした植物の品種の育成がふつうに行われるようになっていた．メンデルの雑種植物の研究の背景となる先行研究はよく整っていたのである．同じような交雑は，人工的に行うかどうかは別として，日本でも有効に活用されていた．ソメイヨシノの作出はその典型例だろう（図7.4）．ソメイヨシノはオオシマザクラとエドヒガンの交雑型である．作出の過程が記録されていなかったので，この事実が最終的に確認されたのは，分子系統解析が技術的に可能になった20世紀末のことだった．江戸末期には関東地方でソメイヨシノが栽培されていたようで，これが園芸家の目に留まって広く栽培されるようになったのは，染井村の園芸業者の仲介による．東京大学（小石川）植物園にも，染井から導入されたという型のクローンといわれるものが今も栽培されている（ソメイヨシノの学名の基準標本が採られた基準木は，東京大学植物園に植栽されているものであるが，このことと，染井から導入されたクローンが植物園に栽培されていることとは，別の話題である）．

第8講

育種3：遺伝学と育種

キーワード：育種　　遺伝学　　系統　　バイオテクノロジー　　品種

　育種についても，最初の技術はいわゆる職人芸だった．自然をよく知る勘の鋭い職人たちが，変異を見分け，有用な系統を育成し，飼育栽培動植物を育て上げた．当然のことであるが，科学の進歩にともなって，科学技術による育種の手法が育ってきた．メンデルは，すぐれたブドウの品種を作出する基盤として，遺伝の法則を知ることを期待したという．実際，20世紀に入って遺伝学が進歩してからは，育種はもっぱら遺伝学の応用というかたちで発展してきた．遺伝学が細胞遺伝学から分子遺伝学へと展開するのにともなって，育種も染色体の倍数化，交雑，選択など細胞遺伝学を主体とするものから，遺伝子組み換え技術や細胞融合などの新技術を用いたバイオテクノロジーの主要な部門のひとつとなってきた．

職人芸から科学技術へ

　育種という言葉が使われるようになったのは新しいことで，バーバンクやミチューリンの成功（第7講 Tea Time 参照）が目覚ましかったことから，新品種の作出には特定の才能が必要であるかのように思われもした．育種といえば生物の遺伝的特性を改変すること一切が含まれるが，栽培植物については，品種改良とか新品種の作出などという表現がもっと実際的である．

　概念が整理されていなくても，現実に利用目的をもって植物の遺伝的特性に変化をもたらす育種が実行されたのは，人が動植物の飼育栽培を始めた日からである．飼育栽培のためには，野生の動植物そのままではなく，人為的な馴化が必要である．馴化を行うことは，遺伝的に飼育栽培にふさわしい特定な系統を選び出していることであり，すでに育種という操作を始めていることである．

　江戸時代に活躍した育種家たちは，当時動植物の飼育栽培にかかわっていた人たちで，特に育種を専門としていたというわけではない．しかし，飼育栽培

を業とする以上は，新品種をもつことによって，業に成果をあげることができたのだろう．かくして，無名の育種家たちが，膨大な数の新品種の作出に貢献した．

　主要な育種の系列がたどれるものもある．たとえば，アヤメの仲間の栽培が旺盛になったのは江戸時代で，旗本の松平左金吾（ショウブ（菖蒲）にあやかって菖翁と号した）が多様な品種を作出した．この品種群を江戸系という．この一部をもらい受けた肥後藩主細川氏が熊本で育成した系統が肥後系で，後に伊勢に伝わって花弁の美しい品種を育てたのが伊勢系である．現代でもそれが記念され，三重県の県花はハナショウブであり，東京でも渋谷区の区の花にハナショウブが指定されている．

遺伝学と育種

　メンデルの遺伝の法則は，1900年に再発見された．メンデルが遺伝の法則についての論文を発表してから学界に受け入れられるまでには，実に四半世紀の時間がかかっているのである．しかし，再発見されてから，遺伝の法則に基づく研究が進展した速さは，これもまた格別だった．メンデルの遺伝学が3人の研究者によって独立に再発見された事実は，四半世紀の間にメンデルの法則が生物科学の法則として学界に受け入れられるだけの成熟が見られたということだった．その背景のもとに，20世紀の生物学は遺伝学をひとつの軸に据えて発展したといえる．

　遺伝の法則の再発見を積極的に学会活動に直結したのはベーツソン（1861〜1926）で，1902年にはメンデルの遺伝学を再評価し，1906年にロンドンに国際遺伝学会議を招集してメンデル遺伝学を基軸にする遺伝学の基礎をつくった．さらに，1910年には世界中の有識者の賛同を得て，メンデルが遺伝の法則を見いだしたチェコのブルノ市にメンデル記念館をつくり，メンデル像を建立した（図8.1）．

　20世紀に入って遺伝学は生物学の中核となって発展し，モーガン（1865〜1945）は遺伝子説を提唱して，遺伝子は染色体に載せられているものであることを示唆，1933年にはノーベル賞を受賞した．さらにマーラー（1890〜1967）は放射線が人為突然変異を誘起することを実験的に証明し，1946年にノーベル賞を受賞した．

　その間，日本人の研究者の貢献も活発だった．木原 均（1893〜1986）はフィールドワークと核型解析（ゲノム分析）という手法を併せ用いて，コムギの起源を追究する研究で成果をあげた（第9講参照）し，染色体の二重らせん構造の解析では桑田義備（1882〜1981）の貢献を忘れることができない．藤井

図 8.1　メンデル記念館にあるメンデルのレリーフ

健次郎（1866〜1952）も染色体の二重らせん構造の研究に成果をあげ，駒井卓（1886〜1972）はモーガンのもとで学んだショウジョウバエの遺伝学を発展させた．

細胞遺伝学から分子遺伝学へ

　20世紀も後半に入ると，遺伝学は細胞遺伝学から分子遺伝学へと発展していった．ワトソン（1928〜）とクリック（1916〜2004）が1953年にDNAの構造モデルを発表し，1962年にノーベル賞を受賞したことは，このことを象徴的に示している．また，日本からも，木村資生による分子進化の中立説が提唱され，生物多様性の解析にもDNAをキーワードとする手法が確立される基盤が整えられた．

　生き物はすべて物質のかたまりである．そのかたまりが生きているのは，親から伝えられた（遺伝した）性質が，物質のかたまりを親と同じ構造につくり上げ，生命を付与するからである．だから，物質のかたまりである生命体は始終新陳代謝していても，生きている生命は30数億年前に地球上に生命が出現して以来一瞬の休みもなく連綿と生き続けているという．そして，生命を担って親から子へ伝えられる物質は，究極的にはDNAであることが確認されている．生物学がDNAをキーワードとして展開することになって科学として確立されたというのは，そのためである．

　分子遺伝学の発展は，生命現象をDNAをキーワードとして解析することに成果をあげてきたが，並行してDNA組み換え技術などの新しい技術も整え，

バイオテクノロジーと呼ばれる技術（第10講参照）の新展開を促すことにもつながった．

======Tea Time======

メンデルのブドウ

東京大学附属植物園の一角に，ニュートンのリンゴとメンデルのブドウが並んで植えられている（図8.2）．メンデルはエンドウじゃないの，という人があるが，これは生物学を正しく学んだ人である．しかし，ここにあるのは間違いなくブドウである．

チェコはブルノ市の修道院で研究・教育に励んでいたメンデルにとっては，ブドウやミツバチの品種改良は地域の殖産事業とのかかわりでたいへん重要な課題だった．メンデル記念館の実験室内にはミツバチの飼育実験の場がそのまま保全されている．

しかし，実験室の周囲に植わっているブドウについては，歴史を物語る話題がかかわる．ブルノは2回の戦争で共に戦渦に遭ったそうであるし，さらにいわゆるルイセンコ騒動（旧ソ連時代に，獲得形質は遺伝するというルイセンコ学説が政府の支持を受け，メンデル遺伝学は異端として排斥された）で過激な迫害も受けたという．記念館の周辺の植生も変わってしまい，メンデルがあちこちから集めていた実験室周辺のブドウも全部枯れてしまったらしい．平和が戻ってから，その場に育ってきたブドウがあったが，それに疑問を呈したのが，晩年にはメンデルの研究に没頭していた中沢信午博士だった．

東京大学植物園のメンデルのブドウは，1913年に，当時の園長だった三好学博士に分与されたものである．船で行き来していた頃の話であるが，ウィーンで開催された国際植物生理学会に出席された三好博士は，日本にゆかりの深

図**8.2** 東大植物園にあるニュートンのリンゴ（左）とメンデルのブドウ

いモリッシュ博士に招待されてブルノを訪ねられ，歓待されたが，その際記念にメンデルのブドウの一枝を所望された．シュートは三好博士とは別にシベリア鉄道を経由して日本へ届けられ，東京大学植物園に植えられ，その後健全に育っているのである．

　ブルノに現存するブドウに疑念を抱かれた中沢信午博士は，ブルノのブドウの葉と東大植物園のものとを比較され，これは同じ品種ではないと同定された．そこで，ブルノの記念館から，由緒正しいメンデルのブドウをブルノにも植えたいから，ということで，当時ウィーン駐在だった朝日新聞の尾関記者を通じて，東京大学植物園（当時，私が園長を務めていた）へ要望が寄せられた．よい話だからというので，シュートが数本，今度は航空便で届けられた．これはいったんは定着していたのだが，その後（当時のブルノの施設の貧しさもあってか）枯れてしまったということで，再度届けることになったが，今ではなんとか東大から里帰りした株が生きているそうである．

第 9 講

育種4：細胞遺伝学と育種

キーワード：交雑　　コムギ　　細胞遺伝学　　潜在遺伝子資源　　種なしスイカ　　倍数化

　メンデルの法則に基づく遺伝学が着実な進歩を始めると，染色体の行動が種の性質の変動に重要な役割を果たすことが理解され，交雑，倍数化などの現象が表現形質とどう結びつくかが検証されるようになった．それまで勘を頼りに進められていた育種が，科学的根拠をともなって推進されるようになったのである．

　バイオテクノロジーが着実な発展を見せる20世紀の末近くまで，科学技術による育種は細胞遺伝学的手法を応用したものだった．栽培品種の起源を求める研究も，ゲノム分析などの手法を適用した細胞遺伝学的解析によって成果をあげてきた．資源の有効利用のために，遺伝学の発展がどのように機能してきたかを一瞥しておこう．

細胞遺伝学を応用した育種とは

　新品種の作出には，自然界に生じる突然変異型を識別して育成する手法が有効だった．二十世紀梨や，明治時代につくられたイネの優良品種（神力，愛国，亀の尾など）や20世紀前半に作出された農林番号のイネ，それに緑の革命でも重要な役割を演じた農林10号というコムギの短稈品種などは，突然変異から優良な型を選抜する方法で作出された新品種のよい例である．江戸時代の品種の作出も，バーバンクらによる育種も，自然選択法が有効に使われた．

　異なった品種間の交雑が新しい型を生み出すことがあるという事実は，遺伝学の発達を待つまでもなく，経験的にさまざまに応用されていた．メンデルが遺伝の法則を発表した論文の表題も「雑種植物の研究」であるが，彼の実験の先行研究として，交雑による新しい型の作出にはいろいろな実験例の報告があった．ケールロイター（1733〜1806）やゲルトナー（1772〜1850）らの研究はメンデルにも引用されており，当時すでに交雑実験が頻繁に行われ，雑種の

形質にも注目されていたことが明らかである．

　交雑という現象は自然界でも頻繁に起こっており，その事実は，リンネなども注目していたように，種の分化にかかわり得るものであると理解され，観察されていた．自然界の現象の理解が，育種の技法にも生かされたというのが実際の経過だったのだろう．

　1930年代の遺伝学は，植物の近縁種の類縁関係を追跡するのに核型分析という手法を用いていた．遺伝物質は染色体に載せられていることが確かめられていたので，染色体の構造は種の特性を認知する手がかりになると考えられたのである．染色体の数や構造の比較が類縁の追跡の重要な手法とされ，やがて細胞分類学などという呼び名も用いられるようになった．しかし，細胞遺伝学の手法が育種に生かされ，さまざまな成果をあげるようになったのは，細胞遺伝学そのものが進歩し，理論的に確固たる基礎が確立され，その理論に基づいて実験が行えるようになった20世紀も中葉に近づいてからのことである．

　交雑だけでなく，人為的に突然変異を誘導する研究も進んだ．レイメイというイネの品種は，この方法で作出された新品種である．

有用植物とその近縁種

　植物を有用資源とそうでないものとに区別することがある．有用植物とか，経済植物とかいう言い方もある．かつては，現に利用されているものと，それとごく近縁な植物だけが，資源として有用で，それ以外の植物は役にたたないものとみなされていた．しかし，バイオテクノロジーの発展にともなって，あらゆる生物の遺伝子が活用され得る見通しが立てられ，現に役にたっていない生物も，潜在遺伝子資源としてあらためて注目されるようになった（第2講 Tea Time参照）．その意味ではすべての生物の遺伝子には有用性が秘められており，種を絶滅に追いやることはそれだけでも経済的な損失を招くことになるのである．

　有用植物そのものに加えてその近縁種がアクチュアルな遺伝子資源とされるのは，近縁野生種は，細胞遺伝学的手法によって育種に活用される可能性を秘めているからである．だから，たとえば農林水産省の遺伝子保全のための遺伝子資源保存施設は，世界一の機能をもった施設とされるが，保存の対象になっているのは，現に遺伝子資源として活用されている植物とその近縁種の種子だけである．

　これは，細胞遺伝学の手法による育種が，交雑，倍数化，選択などの手法を中核とするために，近縁種間でないと利用不能だったからである．

コムギの起源から緑の革命へ

コムギは世界でもっとも大量に生産されている穀物であり，人によく利用されている植物種である．コムギの文化は中東に起源し，西欧で発展してきたが，コムギの研究には日本人が大きな成果をあげてきた．パンコムギがどうやって作出されてきたか，コムギの起源を探求する研究は，遺伝学の発展に沿って，木原 均を中心とする日本の研究者によって明らかにされた，世界をリードする研究例だった．

コムギが中東に起源するものであることは，さまざまな傍証をもとに，すでに論証されていた．木原らはパンコムギの祖型を2倍体のヒトツブコムギと別の2倍体の野生種（クサビコムギ）との交雑型が倍数化して2粒系のエンマコムギ（リベットコムギ：4倍体）がつくり出され，それがさらに2倍体の別の野生型（タルホコムギ）と交雑し，倍数化して，6倍体のパンコムギの祖型となったと解析した（図9.1）．このような解析を当時はゲノム分析と呼んでいたが，この手法によって推定された野生種の確認のために木原とその共同研究者たちは野外調査を含め，さらにその後の解析技術の進歩にあわせて，この仮説を実証するためのデータを集積した．

1960年頃からコムギの生産量は急激に増加したが，これは育種の成果によるものだった．明治時代に日本でもコムギの栽培が始まったが，岩手県の農業試験場で，背丈が低く，多収で，寒さに強い農林10号という品種が作出された．コムギは多収を期待して窒素肥料を多く与えると，よく稔って風などで倒伏し，収穫が得られないことが多い．第二次世界大戦後，日本に駐留した米軍にコムギの専門家がいて，背丈が低くて倒伏に耐える農林10号に着目し，アメリカで栽培されていた型と交雑させて，背丈が低く多収のゲインズという品

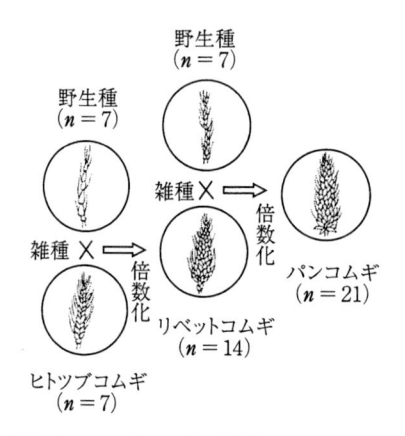

図 9.1 コムギの起源（岩槻，2002b より）

種の作出に成功し，この品種の栽培によって在来の品種より50％以上の収量の増加に成功した．さらに品種の改良が進んで，単位面積あたりの収量が大幅に増大し，農地を拡大しなくてもコムギの総収量が大きく高められ，緑の革命と呼ばれる成果をあげることができた．

コムギは中東に起源し，日本では今はほとんどは輸入品であるが，コムギの植物学については日本が発信している成果に目を見張るものがある．

=============== Tea Time ===============

種なしスイカ

種なしスイカの作出は，細胞遺伝学の理論を応用した新しい栽培型の作出ではあるが，狭義の育種という表現にはなじまない．毎回同じ操作を繰り返して母型からつくり出す作業が必要で，新しい栽培型を生み出しはしたが，新品種を作出したのではない．

スイカは2倍体であるが，これをコルヒチンで処理すると，4倍体のスイカが得られる．コルヒチンは，ユリ科のイヌサフランの種子や鱗茎から抽出されるアルカロイドで，細胞分裂の際に紡錘体形成，紡錘体機能の阻害にはたらき，染色体の倍加を誘起する．

こうして得られた4倍体のスイカとふつうの2倍体のスイカを交雑した結果得られる種子は，3倍体になる．この種子を蒔けば，3倍体のスイカが育つ．稔った3倍体のスイカには種子はなく，種なしスイカとして話題を賑わせた．ただし，スイカにはやはり種子があった方がよいのか，今でもスイカは2倍体の品種がふつうに産出され，種を吐き出しながらいただくもののようである．つくり出された当時は，種なしスイカには種子が稔らないが，種なしスイカの種子はある，というのが不思議がられ，話題となった．これは細胞遺伝学の基礎理論を実際に生かした実験の成果で，人工的に創り出される型のわかりやすい見本である．

第10講

育種5：バイオテクノロジー

キーワード：安全　遺伝子組み換え　技術　細胞融合　生命倫理　組織培養

　20世紀の科学の進歩を象徴する科学技術の発展がバイオテクノロジーの展開に見られる．地球人口の増加や地球規模での人間生活の多様化が進むと推定される21世紀にとって，食料等の資源に対する需要が急速に増大することは避けられない．そこで，全く新しい技術であるバイオテクノロジーのさらなる進歩が，21世紀人類の命綱の役割さえ果たすと期待されるのである．しかし，一方ではつくり出された食品等に危険性のある事例が指摘され，作出された個々の品種については，この技術についての疑問も残されており，（あらゆる科学技術の例に漏れず）完全な解決に至るにはほど遠い．さらに，技術の力で生命体にさまざまな改変を加えることには，倫理上の問題もある．バイオエシックスという英名のカタカナ書きで話題を提供しているこの問題にも注目が必要である．期待と課題が混在するバイオテクノロジーに，人類はどういう夢を賭けようとし，どのように対応しようとしているのだろうか（バイオテクノロジーについては，本シリーズ〔動物編〕で別に『バイオテクノロジー30講』が準備されている）．

バイオテクノロジー

　バイオは生物学（biology）の語根に使われるのと同じbio-で，生きていることを意味するギリシャ語から来ている．テクノロジーは技術だから，バイオテクノロジーは生命に関する技術ということになる．

　生命に関しては，原始時代以来，医学，農学，薬学などの，実学と呼ばれたことのある分野で，人はさまざまな技術を駆使してきた．それだのに，20世紀後半にいたってなぜ今さらあらためて生命技術を意味する新語を造る必要があるのか．これまでの生命技術とバイオテクノロジーとはいったい何が違うのか．

バイオテクノロジーという場合には，生物体の機能を利用した新しい技術の総称ではあるが，とりわけ遺伝子クローニングを中心とした遺伝子工学の発展にともなった技術をさす．ほかに，細胞工学，胚工学などの新分野の技術も融合して，さまざまな発展を見せつつある．クローン化した葉緑体DNAによる有用物質の生産，突然変異を導入した新しい生命体の作出，バイオチップ，バイオセンサーの製作など，応用範囲は限りなく広い．

バイオテクノロジーの基本は，遺伝子組み換え技術である．DNAを試験管内で自由に改変し，異なった種の細胞に導入して複製，発現させる一連の技術を，遺伝子組み換え技術とか組み換えDNA技術という．この技術は1970年代に確立し，異なった生物種のDNA配列をつなぎあわせるもので，生物学の技術に革命的な変革をもたらした．とりわけ，生物の品種改良や人の遺伝子治療などの手段として活用され始めている．

組み換えDNA技術で代表的な制限酵素リガーゼ法では，組み換えるDNAと（ファージやプラスミドなどの）ベクターを同じ制限酵素で切断しておけば両者は同じ付着末端をもつことになるので，そこで相補的な塩基対をつくり（アニーリング），DNAリガーゼを作用させてDNAの切れ目を修復し，組み換え体をつくり出す．つくり出されたのが組み換えDNAである．ベクターは宿主細胞の中で複製可能なDNA分子であり，外来のDNA配列がベクターの助けを借りて目的の細胞に導入され，複製されてタンパク質の発現にあずかる．組み換えDNAを導入した宿主細胞の中で，めざす遺伝子を含むクローンを選び出す操作が，遺伝子クローニングの成否の鍵となる．

細胞融合と組織培養

バイオテクノロジーという言葉は，遺伝子組み換え技術とのかかわりで使われる．しかし，育種に関する生命技術に限定しても，遺伝子組み換えと並行して進歩した新しい技術として，細胞融合や組織培養などを見過ごすことはできない．

2個以上の細胞の細胞膜が融合して，複数の細胞を覆う連続した膜となり，結果として多核細胞が形成される現象を，細胞融合という．自然界では，有性生殖（配偶子の接合，受精など）や骨格筋形成の際などに見られる現象であるが，人工的に誘導することも可能となった．藻類には，細胞隔壁を形成しない多核体（ミルやイワヅタなど）も知られる．

異なった種の細胞を融合することによって，これまで別々に生きていた染色体（に載せられている遺伝子）をいろいろの割合でもつ雑種細胞をつくり出すことが可能となり，全く異なった種間の遺伝子の交流ができるようになった．

人工誘導については，1958年に，センダイウイルスで岡田善雄によって細胞融合能のあることが発見され，細胞融合研究のきっかけとなり，その他のパラミクソウイルスの作用の研究が進んでいる．また，ポリエチレングリコール処理などの手法が知られ，さらに高電圧パルスによる細胞融合の導入も可能になった（電気穿孔法）．異種間の遺伝子交流が可能となり，これまで考えられなかったかけ離れた種間の交雑が試みられている．

　組織培養の技術は古くから使われてきた．個体から特定の組織だけを取り出し，それを適当な培地で人工的に培養する技術である．器官そのものの培養（器官培養），特定の細胞だけを取り出した培養（細胞培養）なども行われているが，それらをひっくるめて広義の組織培養という．遺伝子組み換えや細胞融合の技術を活用して，かけ離れた種間の遺伝子の交流が実行できるようになったが，こうやって作出された生物体には生殖機能がないものもある．そこで，とりわけ植物の育種の場合などは，植物が栄養繁殖で増殖する性質を活用し，組織培養の技術を応用して大量生産に直結する研究が進められている．

　これらの新技術の組み合わせによって，これまで考えられなかったような生命体の操作が可能になり，それらをひっくるめてバイオテクノロジーと呼ぶことになったのである．

育種以外に使われるバイオテクノロジー

　バイオテクノロジーという言葉で定義される生命技術のうちでは，育種に関する技術がいちばん目覚ましいし，実際，活用されて成果をあげている技術のうちでも特筆に値する．しかし，最近バイオと呼ぶ技術に関する話題のうちには，育種に限定しないものも少なくない．

　クローンヒツジの「ドリー」の話題は衝撃的だった．しかし，生物学的に見れば，これはつくり出すべくしてつくり出されたものだともいえる．クローン個体づくりといえば，植物の増殖にはクローン培養が多様に利用されてきた．クローンという言葉は，植物の小枝を意味するギリシャ語から来ているが，植物の小枝から次世代植物をつくり出すことは，古くからごく日常的な行為だった．植物体は積み上げ方式で形成され，植物の体細胞は全能性を維持するので，植物体の一部から全体をつくり上げるのはむずかしいことではない．取り木，挿し木，接ぎ木など，いずれもクローン培養によって「次世代」を生み出す技術であるし，無融合生殖のように，生活環の中にクローンづくりを取り入れている例さえ少なくない．

　無脊椎動物でも，プラナリアの再生はクローン形成の例といえる．鉢クラゲのエフィラ形成も有性生殖をともなわない増殖であり，クローンづくりといえ

る．脊椎動物でも，すでにガードン（1933〜）がカエルのクローンづくりに成功しており，専門家の間では，全能性をもたない脊椎動物の体細胞から次世代がつくり出されるというこの成功が注目を浴びた．しかし，この実験の意義は一般には広く知られることがなく，メディアに取り上げられたのは，ヒツジのクローンが造られてからだった．哺乳動物のクローンづくりに成功して，はじめて生産につながる手法が確立されたとみなされたのか，ヒトクローンにつながるという点で話題性が豊かだったということだろうか．

　ウシのクローンづくりは食品生産に直結しており，現にその技術が生産の現場で利用されている．クローンづくりが話題を賑わせはしたが，バイオテクノロジーはもっと広い範囲で応用され，とりわけ遺伝子組み換え技術などが育種に適用され，バレイショ（ポテト）とトマトをかけあわせてつくったポマトなど，細胞遺伝学的手法ではつくり出せなかった新品種の作出に活用されている．

　食品だけでなく，化粧品にも，バイオでつくられた，という宣伝がつくものがある．創薬にもバイオテクノロジーを用いるのが常識となりつつあり，生命科学の新しい技術は，今ではもうふつうの技術になっているとさえいえる．

未来へかける夢

　地球上の資源は有限である．食料はほとんどを動植物に求めているが，入手できる資源には限りがある．地球人口は依然として増大し続けており，その速度は容易に落ちそうにない．南北格差の大きさは人類にとっての課題であり，この格差の解消は当然上に向けて合わせることになるだろうが，そうなると，地球上のすべての人の資源消費が現在の先進国並みになるということを意味する．単純に計算しても，ここ数十年の間に，資源への需要は数倍に達すると推定されるのである．

　20世紀においても，地球人口の増加，生活の向上などが重なって，資源への需要ははなはだしく増大した．それに対して，新資源の開発，飼育栽培法の改良，育種など，叡智を傾けた取り組みがなされ，戦争などの悲劇さえなければ飢えに苦しむことがないような世界が構築されてきた．

　21世紀に入って，人口増が止めどなく続く現実では，さらなる育種技術の向上が期待され，バイオテクノロジーの振興が人類の生存を支える鍵であると考えられるようになってきた．無際限に需要が増大（人口増や生活の多様化）することは何らかの方法で抑制する必要があるのだろうが，それでも抑えきれない需要の急激な増大に対応するためには，それ相応の供給を生み出すことである．育種についての期待はそのうちでも最大かもしれない．しかも，既存の細胞遺伝学的手法による育種だけでは間に合わないとすれば，バイオテクノロ

ジーを活用した育種を模索することになるだろう．

　未来の資源について，バイオテクノロジーの発展は大きな夢を与えてくれる．しかし，未知の人工化合物をつくり上げたことが，20世紀中葉において多くの犠牲を強いてきたことも，歴史の教えるところである．『沈黙の春』などに記述されていることや，イタイイタイ病，水俣病などに例示される事象は忘れ去ってはならないことである．バイオテクノロジーによって作出される新品種は，これまで自然界に存在しなかったものである．そのような新品種が自然界に露出すればどのような行動をもたらすか，安全対策については慎重な配慮が必要である．カルタヘナ議定書（第11講 Tea Time 参照）は，そのための国際的な協定のひとつである．

生命倫理

　科学の進歩が科学者の世界だけで論じられていた頃には，科学が社会に与える影響も限定されたものだった．その頃には，科学者は自分の専門の領域で科学の業績をあげさえすれば人の社会に貢献することにつながった．社会の現実の動向などは何も考えずに科学に一心不乱に貢献する態度は，むしろ美談として紹介されさえもした．しかし，科学が進んでき，技術と結んで，社会に対する貢献もするけれども，使い方によってはおそろしい効果も示す例が増えてきた．ノーベルのダイナマイトの発明は，20世紀の科学にノーベル賞をもたらしたが，平和な開発を意図して成功した発明が，強力な殺人武器に使われる現実をえぐり出し，科学者の倫理に対する鋭い指摘にもつながった．

　20世紀中葉には，原子爆弾で顕現された原子力の効果も注目を集め，科学の成果のすばらしさは常に危険をはらんでいることも常識となってきた．原爆の製造にかかわった科学者が，後には原爆の保有に反対することにもつながった．科学者も，すばらしい発見をして科学の世界で貢献さえすれば成功であるとはいっておられず，それが社会でどのように活用されるかに常に関心をもたざるを得ない局面に向かうことになった．

　20世紀後半に爆発的な展開を見せたバイオテクノロジーの進歩は，生命科学の分野でもさまざまな問題を提起することになった．食料生産や医療への貢献を期待するバイオテクノロジーが，生命を技術によって操作するという段階に突入したのである．脳死は人の死か，という問いかけは，社会の話題を呼ぶ問題でもあった．どこまで，どのように生命を技術で操作すべきかは，普遍的な原理原則に基づく生命科学の課題であるだけでなく，多様な文化によって微妙に異なる社会の慣習や，宗教観などによって簡単に統一できない問題を提起する．これは生命科学という単一の専門領域を離れて，哲学の問題を展開させ

る．しかし，それでも，この問題を提起し，最大の影響を及ぼすのはあくまでも生命科学のもたらす技術である．

　生命倫理に関する課題は，他の一般的な科学倫理の一環でありながら，特異な問題を突きつける．すぐれた生命科学者だけでなく，多様な文化や宗教観をもつ人たちすべてが参画し，共通の理念を育て上げなければならない課題である．

---- Tea Time ----

歌の中の植物

　植物が人の感性とどのように響きあい，文芸とどのようにかかわりあってきたかも，人と植物のかかわりのひとつの断面である．詩歌はとりわけ植物に感性を励起されるらしいが，それがメロディーをともなう音楽に出てくる植物もきわめて多彩である．

　蘚苔類学者だった安藤久次博士が，晩年音大に籍を置き，音楽と植物をつないで，「歌の中の植物誌」というシリーズを雑誌『プランタ』で展開した．その第3回に，西洋の歌を飾る花のトリオとして，バラ，ユリ，スミレの3種をあげている．

　西洋のトリオに対して，民謡，童謡・唱歌も含めた日本の歌にもっとも好んで歌われてきた植物は，サクラ，マツ，ヤナギであるという．西洋のトリオが花を観賞する草本であるのに対して，日本のトリオは樹木であり，マツ，ヤナギは花を賞ずるものではない．唯一花が美しいサクラは，花の美しさが歌われるというよりも，戦前，戦中に大和魂のシンボルとして，ソメイヨシノの散り際の鮮やかさが尊ばれたので，その反動から，戦後しばらくは詩歌にもあまり詠まれなかった．紋様からも姿を消した時期があった．このあたり，西欧と日本の感性の際立った違いが象徴されているのかもしれない．

　もっとも，サクラを例に取り上げてみても，第二次世界大戦中に忠君愛国の象徴とされた花はソメイヨシノで，これは葉が出る前に花が鮮やかに咲き誇り，数日で惜しげもなく（と思うのは人のこころであるが）散っていく．後に意識的に曲げて解釈されるが，本居宣長が，

　　敷島のやまとごころを人問はば朝日ににほふ山桜花

と詠んだのは，同じサクラでもヤマザクラを詠ったものであり，これはみやびで純一な民族性を語ったものだった．やまとごころという言葉も，決して潔く散ることとは関係なかった．むしろ，

　　世の中にたえてサクラのなかりせば春のこころはのどけからまし

と詠んだ紀 友則の方が，サクラに感応する日本人のこころを素直に表現した

ものだった．幕末の尊王攘夷の思想の勃興の頃から，大和魂は武断的な国粋思想に転化し，やがてその頃から栽培されるサクラの多くがソメイヨシノになったことから，その散り際の潔さが戦場で果敢に散ることと結びつけられ，国体概念と結びついたものである．サクラを詠み込んだ日本の歌のこころにも，人のこころをさまざまに導く時世が反映している．

　植物と歌，音楽とのかかわりも，つき詰めると文化の意義に通底する興味深い問題を読み取る材料になるものだろう．

第11講

育種6：遺伝子組み換え植物

キーワード：遺伝子組み換え　遺伝子資源　カルタヘナ議定書　細胞融合　組織培養

　遺伝子組み換え植物については，積極的な待望論と根強い不安感が交錯する．地球人口がやがて70億，80億と増大し，富の分配がより衡平になる（上方に平均化される）とすれば，資源に対する需要が急増することは確実である．ある試算では，全人類の生存を支えるためには，21世紀前半のうちに，今の7倍の資源が必要になるという．地球上の資源は今でさえ過剰に簒奪されているのだから，急増する資源の需要を自然界にある素材だけに求めるとすれば，地球環境に急速に危機が訪れることは，火を見るよりも明らかである．需要の抑制が喫緊の課題であることはいうまでもないが，超大国の無関心ぶりに見るように，至近の未来に需要の抑制に大きな効果を期待する可能性は乏しい．となると，別の対応策としては，資源の開発，利用に科学技術を適用し，安全性を確保しながら資源の利用の効率を高めることである．有用資源の開発については，広義のバイオテクノロジーの発展に可能性が期待される．

遺伝子組み換え植物

　バイオテクノロジーは，細胞融合や組織培養などの技術による育種なども含め，20世紀後半に急速に発展した生命科学にかかわる技術の総称である．ところが，この用語が世間で話題となるのは，もっぱら遺伝子組み換え技術を使って生産された食品についてである．遺伝子組み換え食品の生産はもっとも期待される技術であり，目覚ましい発展を示している技術であるが，同時にまだ危惧される面が残されている点が問題視されるからだろう．

　遺伝子組み換えとは何だろう．生物はすべて親から引き継いだ遺伝情報をもとに自分のからだをつくる．親から子へ伝達される遺伝情報は，つき詰めると，種に固有のDNAが担うものということになる．環境条件が同じなら，同じDNAからは同じRNAが，同じRNAからは同じアミノ酸が，同じアミノ酸

からは同じタンパク質がつくられる．タンパク質が生命体をつくり，生命活動を支配するので，子は親に似る．親から受け継いだDNAが，遺伝情報として子の個体発生を支配するのである．

　親から引き継いで子をつくり上げる情報の担荷体であるDNAは，一定の割合で変異を生じることがあり，それが進化のきっかけになっている．DNAは変異を生じたからといって，それで崩壊してしまうような分子ではない．だから，変異は集団内に保存され，長い時間をかけて進化として表現形質に発現するのであるが，それはここで取り上げる話題ではない．自然に生じる変異ではなくて，人為的にDNAに導入する変異が，ここでの課題である．自然に生じる変異は中立的に生じる（分子進化の中立説）．もちろん，定常状態では中立的に生じる変異は，放射線の照射など，定常的でない刺激が与えられたときにはより高い比率で生じることも事実である．しかし，人為的に導入する変異には，自然界に生じているものとは違って，最終的には人に都合のよい結果を期待する．

　人に都合のよい生産物を生み出す人為的なDNAの変異を生じる技術が，さまざまに発達している．遺伝子を担うDNAの塩基配列の部分的な組み換えによって，有用な遺伝子をつくり出すことも期待されるのである．もっとも，残されている問題は，必要な遺伝子をつくり出すために特定の部位に変異を導入することが，ほかの遺伝現象にどのように影響を及ぼすか，及ぼさないか，科学はまだ完全に知り尽くしていない点である．そのことをわきまえた上で，遺伝子組み換えの現況を正確に把握し，それに対応することが求められている．

期待と不安とは

　遺伝子組み換え技術に期待されることは何だろう．

　日本では人口増加に歯止めがかかり，逆に少子高齢化が問題とされているが，地球人口全体で見れば，現在も急速に増加の一途をたどっている．現在60数億と数えられている人口は，今後も増加を続け，2025年には90億に達し，そこでいったん増加が止まると推定される．90億人の人間がこの地球上で資源を求めて生きることになる．さらに，いわゆる南北格差が解消することが期待されるが，格差の解消は豊かな側への平均化を意味し，物質・エネルギー志向の豊かさは資源を大量消費する豊かさに通じる．

　今世紀前半のうちに，90億の豊かになった人間が住んでいる状態を想像すると，食料をはじめ，資源の需要ははなはだ大きくなり，少なくとも現在の数倍に上ることが確実である．60数億の人間が生きている現在も，大多数の人たちは発展途上国で貧しい暮らしに耐えており，飢えに苦しむ人が生じている．

これは，戦乱や紛争によって需給関係が調整されていないためであるが，すべてがうまく配分されたら，日本の現在のように贅沢に資源を消費する暮らしはできないことだろう．だから，資源に対する需要が数倍に強まることを前提に，諸々の計画が立てられる必要がある．

　細胞遺伝学などを活用した育種は，20世紀には大きな効果を発揮してきた．今後もさらに有効に機能することだろう．緑の革命と呼ばれたコムギの育種と増産など，まだまだ期待の大きい分野である．しかし，数十年内に数倍の資源を必要とするのなら，細胞遺伝学の知見を応用した育種だけではとても追いつくことはできない事態が生じるだろう．そこで，遺伝子組み換えなどのバイオテクノロジーの成果が期待されるのである．与えられている遺伝子資源のうちから，すぐれた組み合わせを見いだすことによって，これまでの有用植物の何倍もの生産量を誇る材料の作出が期待される．そして，生命科学における最近の飛躍的な発展によって，それが破天荒な夢ではない現実が目前に近づいているのである．

　一方，遺伝子組み換え植物に抱かれる不安とは何かを考えてみよう．まず，これまでに地球上に存在しなかった生物の型を人為的につくり出すことである．人の科学が万全であれば，つくり出されるべき生物について十分に詳しく知っておき，その生物の存在が何をもたらすか，予見することができるだろう．しかし，現在の科学はそれを確実に予測することができない．よかれと思って野外に放出したマングースが，のちに何億円の予算をかけて捕捉，殺処分されているように，予測が外れることさえ覚悟してかからねばならない問題である．スギの単純植生を育てたことは，予想していたスギ材の供給よりも，花粉症や台風による一斉倒壊などの問題をもたらした．さまざまな化学物質が人の生活にどんな影響をもたらしたか，最近のアスベストの例をあげるだけでも十分だろう．予測が外れればどうなるか．可能性としては何でもありなのである．そんな危険なことなら，賢明な人は手を出さないというのが常態ではないかと指摘される．そこで，遺伝子組み換え植物については，実験さえ反対という声が結構強い．

　遺伝子の組み換えという現象は，生物の進化の過程において自然界でいろいろなかたちで実行されてきたことが知られている．今，地球上に生きている億を超える数の生物種がもっている遺伝子の浮動を，人が助けて進めようとしているのが遺伝子組み換え実験である．これまで自然界に生じていた遺伝子浮動の状況も踏まえ，この人為的操作が及ぼす生物への変化を前倒しで実験し，正しい遺伝子組み換えの成果を応用するなら，短期間で数倍の収量を期待することも，あながち夢物語と決めつけてしまうこともできないだろう．

資源が数倍の量必要で，増収の可能性があるというのだから，その方向に向かって積極的な歩みを続けるのは当然のことである．安全面に不安があるとすれば，その不安をどう取り除き，安全性をどのように確保していくかを示すのが，科学の役割であるといわなければならない．

安全の確保と研究の推進

遺伝子組み換えによる育種は，期待がもたれる技術だから，不安をなくするよう対策を講じることが，科学者にとっても，行政にとっても，先進的なNGOにとっても，緊急に解決されるべき課題である．そのために今必要とすることを整理しよう．

研究の推進　いうまでもないことであるが，科学の成果を十分に取り入れた技術が，より美味な品種の作出も多収も可能としてきた．しかし，現在の科学はすべてを知っているわけではない，どころか，たとえば生物多様性についてもそのごく一部をかいま見ているにすぎないという現状にある．あるべき将来のすがたを正確に読み込むことなどできっこない．だったら，これまでに確立された技術に基づいた最大限の努力を重ね，できていない分はできていないとしっかり認識することである．その上で，できるだけ知らないことがないようにするべく，科学の発展を積極的に推進するのは科学者の当然の務めだろう．日ごとに近づいている資源の不足の問題が，いずれ国際間の紛争に発展することが予測できるのなら，そういう危険を取り除くためにも，十分な余裕を見て科学の力を増進するようでなければならない．生物科学の発展には目を見張るものがあるといいながら，この面の研究の推進については，今では，すでに，時間的余裕を失いつつあるというのが現実なのだろうが．

事実の公開と知識の普及　科学が万全でないといいながら，確実性のある範囲で，バイオテクノロジーが活用されないと，人類の生存にはやがて破綻が生じる危険性があると指摘した．100％完全ではない科学を技術に転用し，具体的な事業の展開を図るとすれば，生じるかもしれない事故を予防するためにいちばん注意しなければならないことは何か．

バイオテクノロジーの成果を享受するのは科学者ではなく，一般市民である．同時に，科学の知見の不足の影響を被る可能性のあるのも，科学者ではなくて一般市民である．そのことを前提に，当事者である一般市民が，科学の現状について正しい判断力をもつことが期待される．

20世紀の繁栄が，暗い側面として21世紀に持ち越した課題のひとつは，環境に関する諸問題だった．20世紀の，高度成長の時期には，人々は科学の力に過度の信頼を置き，科学が何でも解決してくれると錯覚していたおもむきさ

えあった．科学者が，専門領域について，それはよくわかっていないと説明しようとすれば，その科学者が無知で知っていないと誤解されるというのは常態だったようにさえ思われる．この誤解は，今でもなくなっているとはいえない．だから，信頼していたのに科学者に裏切られたと思う人たちがあとをたたない．

　遺伝子組み換え食品などについても，科学の現状がどうであり，どこまでは安心だけれども，どこから先は確率論からいう賭けになるかということを，はっきりと示すべきである．それだけの情報を開示すれば，それから先は使用者の自己責任で，賭けに負けることがあるのを前提とした行動をとればよいのである．しかし，情報が開示されず，使用者が判断できない状態のままで，自己責任を強要するようなことがあってはならない．その意味で，科学的知識の普及が図られ，それに基づいて，事業展開される事実の根拠についての情報ができるだけ完全に公開されることが必要である．

　現状では，遺伝子組み換え食品に関する全情報の公開は，技術的に不可能であるとされている．しかしそれは，公開を前提にあらゆる事業が組み立てられていないからであり，そのことが遺伝子組み換え食品等が社会に受け入れられるのにどれだけ大きい障害になっているか，これは事業化に責任をもつ当事者が真剣に考えねばならないことだろう．公開できるだけの体制を整えないのは，そのための経済的負荷が大きいからであるとしても，そのために招いている一般社会からの不信感と比べてみれば，経済効果だけでも問題にならないものなのではないだろうか．

　科学者はいつでも自分たちの科学の成果に自信をもっている．しかし，自信があったにもかかわらず，結果として，最近の話題を取り上げてみるだけでも，薬害とか，エイズ問題とか，マングースの被害とか，アスベストによる被害とかの重大な事例をもたらしている．いずれも，わかってしまえば馬鹿らしいような，しかしそのときには防ぎきれていなかった問題ばかりである．こういう失敗を防ぐためにも，そのときに得られる情報を完全に公開し，科学的に事実に基づいて，それを実行するかどうかの判断は特定の「専門家」だけには任せないような状況をつくり出すことが必要である．また，問題にかかわる科学的事実を咀嚼し，科学的思考力に基づいて事業の施行の可否を判断できるような社会環境を育てなければならない．

　法律の整備　公開の原則を含め，この種の事業展開は善意に基づいて推進されるべきものではあるが，それがなかなか一筋縄では進まないことは，歴史が示しているとおりである．だから，この種の事業の推進に遺漏がないように，今日の社会では，踏み外しを規制するための法的な整備が最低限の必要

条件となる．

　遺伝子組み換え実験については，国際的な協定としてカルタヘナ議定書（Tea Time 参照）が締結され，日本はこれにかかわる国内法を整備して，議定書に批准，その成立に貢献した．議定書の精神は，実験内容の公開と，危険を防除するための処置，モニタリングなどの強化に努め，より安全な実験を推進することにある．いずれにしても，安全を確保した上で実験が推進され，科学の成果を駆使した育種を推進して，その成果を活用し，将来資源の争奪のための国際間の紛争を招くことがないように，近未来にも予測される危惧に対応するための万全の体制を整えるべきであろう．

========== Tea Time ==========

カルタヘナ議定書

　将来にわたって遺伝子組み換え植物の安全な利用等を保障するために，生物多様性条約締結国会議の提唱に基づいて，南米コロンビア共和国のカルタヘナで問題点が討議・整理され，国際的な議定書がまとめられた．議定書が採択されたのは2000年だったが，2003年9月になって，批准国が50国となって半年を経過し，発効した．日本では国内法の整備等に多少手間どったので，批准を行ったのは議定書発効後の2003年11月になってからで，日本について発効したのは2004年2月だった．

　議定書の基本は，生物の多様性の保全および持続的な利用に悪影響を及ぼす可能性のある生物学の新技術（遺伝子組み換えや細胞融合）によって改変された生き物の安全な移送，取り扱いおよび利用，特に国境を越えた移動についてその管理のための措置を講じることを求めるものである．

　それだけ紹介すれば，あまりにも当然のことで，そういうことを国際的な議定書でうたわなければならないことの意味がわからないといわれかねない．しかし，ごく最近にもノーベル賞級の実験といわれながら実は虚偽で固めた報告という例が大々的に報道されたように，新技術のすべてが公開され，明快に説明されているというのではない．とりわけ，大きな収益が期待される産業に関しては，公開できない部分もあれば，煙に巻いてしまうこともないとはいえない．日本で国内法の整備等に手間どったのも，この議定書によって，基礎的研究を含めて世界の流れに遅れをとり，経済的な損失を招くのではないかという危惧があったからである．関連の4省庁（環境省，文部科学省，厚生労働省，経済産業省）の間の調整に手間どったことも，理由のひとつである．新技術の正しい適用には，常にそのような問題が絡んでくるが，新技術の推進と安全の確保を両立させることは科学技術にとってもっとも大切な基本であるというこ

とをしっかり認識したい．逆に，社会の支持を得ながら安全な研究の推進が図られないと，いずれは資源の争奪のために紛争さえ覚悟しなければならない事態に追い込まれかねない現状についても，詳細な情報が開示され，論議が徹底的に戦わされる必要があるだろう．

第12講

資源の探索1：プラントハンターたち

キーワード：コレクション　　資源の探索　　知的好奇心　　プラントハンター　　野生植物　　有用植物

　探検の時代に，プラントハンターと呼ばれる人たちが活躍した．日本の植物が，西欧に知られるようになったのも，いわゆるプラントハンターの活躍による．

　多様な植物への好奇心は，美に対するあこがれ，神秘に関する知的好奇心，珍奇さへの驚きなどによって陶冶された．そのうちでも，身の周りにある植物とは違った珍しい植物に惹かれるこころは文化の発展を押し上げながら高まってきた．さらに，植物に資源としての意味を求めるようになって，すぐに役にたつ意味からも，知らない植物への期待が強まってきた．世界の各地へおもむいたプラントハンターたちは，知的好奇心に促されながら，有用資源としての植物の探索にも力を尽くした．そして，地球上の交通が容易になるのと並行して，世界各地からの植物が西欧へもたらされることになった．これらの植物を材料にして研究も推進され，資源の開発も進められ，植物の多様性はますます人の生活に貢献するものとなった．

多様な植物への好奇心

　花がきれいだと感じることも乗り越えるひとつの階梯として人に進化してきたヒトは，やがて，日常的に接触している身の周りの植物よりももっと美しく，もっと役にたつ植物が，自分の知らない遠いところにはあることを知り，新しい発見が新しい感動を呼ぶことも経験した．

　資源の探索には有用性を求めるというわかりやすい目的があった．しかし，すぐに役にたつ植物を求めるというわかりやすい行動だけでなく，役にたつかどうかわかっていない資源から有用性を引き出す研究も行われるようになった．また，多様な植物を比較しているうちに，さまざまな植物の間にある類似や差異，さらに相互の関係性についても，科学的な好奇心が目覚めてきた．世

界中から，珍しい植物がもたらされると，もっと珍しいものはないかと探究心が広がるのも，人ならではの知的活動である．

　ギリシャ，ローマの時代にも，地中海沿岸，中東などを原種とする生物種の栽培，馴化が進み，資源の有効利用が推進された．バラが栽培され，イチジクやザクロなどの果実が愛好され，オリーブが利用され，やがて栽培コムギも作出された．シルクロードを通じての通商は，栽培植物の東西への伝達に重要な役割を果たしてきた．アリストテレス，テオフラストスに始まるギリシャの自然史学は，これらのすぐれた学徒によってさまざまな発見が成し遂げられた．しかし，やがて中世に入ると人々は，わかっている事実を習得する勉学に励みはしても，科学的好奇心を発揮し，独創的な探求をすることはしなくなった．西欧では，ルネッサンスの頃まで10数世紀の間，目覚ましい探検と発見は行われなかった．ルネッサンスから大航海の時代に入ると，東西に及ぶ人々の交流は，新しい資源の導入にもつながったが，それと同時に見たこともない動植物への好奇心を発展させもした．さまざまな動植物が記載され，生きた状態で導入され，さらに民俗の調査研究にともなって，利用法も知られるようになった．

　プラントハンターが活躍するようになったそもそもの動機は，未知なるものへの強烈な好奇心にあおられ，それを解決する見通しが立てられたことだっただろう．常に死の危険に直面し，苦労して旅を続けるなどということは，当面のわずかな経済的効果のためだけではとてもできることではなく，好奇心を解明するという人間的な欲望があってこそ，探検に取り組むこととなったに違いない．

　生きた状態であれ，標本になってであれ，植物が活発にヨーロッパへ導入されるようになったのは，18世紀の頃からである．リンネが世界中の動植物を一人で記載した頃には，まだそれほど多くの標本があったわけではなかった．しかし，リンネは生物相研究のために，優秀な後継者を世界中に派遣し，生物の多様性を知るための調査活動をはじめた．日本へチュンベリー（第13講Tea Time参照）がやってきたのも，そのような研究計画の一環としてだった．

プラントハンターとスポンサー

　都市に住む人たちが，これまで見たこともない植物を見る機会を広げるために，かけ離れて遠いところの植物を努力して導入する人が出てきた．日本のプラントハンターの嚆矢は，田道間守（多遅摩毛理）であるといえるだろうか．垂仁天皇が不老の妙薬として求めた非時香菓を，常世の国とされる南の国々に訪ね歩き，タチバナ（図12.1）を見つけて都へ持ち帰ったときには天皇はすで

に亡くなっていた，と『古事記』に記録されている．

　ヨーロッパには植物の自生種は多くない．だから，富と技術で世界に先駆けた文明の発展に成功をした地域として，早くから資源としての植物の導入に熱心だったし，美しいものへのあこがれの発露としての植物の収集にも力を注いできた．

　日本の植物を西欧に導入したプラントハンターたちも多様であるが，シーボルト（1804～1885：図12.2）の名前はそのうちでも著名である．一般に有名でなくても，ヨーロッパへの植物の移入に貢献したプラントハンターがいる．たとえば，フォーチュン（1812～1881）である．エジンバラ植物園で園丁と

図12.1　タチバナ
田道間守によって導入され，サクラと対にして紫宸殿の前に植えられた．

図12.2　ライデン大学植物園にあるシーボルトの胸像

して学び，中国からインドへのチャの木の導入に携わるうちに東洋の植物の面白さに魅せられた彼は，1860年と1861年の2回にわたって幕末の日本を訪れた．江戸近辺の植木屋などですぐれた栽培植物の品種を多数見る機会に恵まれ，キク，ラン，ユリなど，多様な栽培品種をイギリスにもたらした．

　探検にはそれを送り出すスポンサーの援助が必要だった．時代をさかのぼって，すでに15世紀末にコロンブスが西へ向けての探検旅行に出ることができたのは，スペインのイサベラ女王の強い後ろ盾があってのことだったと歴史に名高い．コロンブスの新世界発見によって，新世界産の資源植物は相次いで西欧へもたらされた．西欧へ導入されてから，旧世界に資源植物が拡散する速度の速さは驚くばかりである．バレイショは山間僻地のあまり土地が肥沃でない場所へもたらされたし，タバコが世界各地で愛好されるようになるのに時間はかからなかった．トウガラシは東アジアでも，それぞれの国々の特殊なエスニック料理の不可欠の素材となっている．

　17世紀に入って世界各地から資源植物を西欧へもたらしたプラントハンターたちの活躍にも，それぞれ支えとなる協力者があった．しかし，ここではもう後援者は王侯貴族に限らず，オランダとイギリスが相次いで設けた東インド会社など，国策の企業ではあるものの，営利を目的とする会社の役割も大きくなっていた．

資源の探索

　植物資源の探索と発見，導入によって，文明はいかに豊かになってきたか．コロンブスはスペインのイサベラ女王の全面的な支援を受け，コルドバから大西洋を西へ向けての航海に出，新世界を発見した．そのコルドバの植物園に民族学博物館がある．ここの展示のひとつに，現在の食卓に供される多様な果実や野菜の図があり，ボタンを押すと，その中から新世界起源の植物が消えてしまって，一転して貧弱な見せかけになるというコーナーがある．新世界発見後に，新世界起源の資源によって，人々の生活はたいへん豊かになったことが，映像の一瞬の転換で視覚に強く訴えられるのである．

　コロンブスの探検の目的のひとつが良質のコショウを求めることだったといわれるのは，象徴的な表現であるだろう．当時コショウはインド（南アジア，東南アジアを広くさしていた．実際にはインドに限らず，インドネシアなども含む）から西回りでヨーロッパに届けられていたが，スペインなどはその恩恵にあずかれずにいた．インドから東へ向けて直接にコショウを運びたいという強い要望が，西へ向けてインドに到達する航路を確立したいという希望につながったのである．だから，コロンブスは新大陸を発見しながら，西インド諸島

に上陸して，インドへ到達したものと錯覚したのである．この発見の旅にしても，コショウという象徴的な資源が話題にされることはあるものの，東洋からの多様な食材に対して強い要求があったことは事実である．コショウを求めてのコロンブスの旅は，しかしながら，コショウではなく，多様な新世界産の植物資源をヨーロッパのみならず広く旧世界全体にもたらしたという点で，象徴的なできごとだった．

18世紀から19世紀にかけて，交通手段も改善され，有用資源の探索はますます活発となり，プラントハンターの役割のうちにも，花卉園芸の植物の導入から食用の植物の導入まで，多様な役割が分業化されてきた．新世界のみならず，旧世界でも，探検が進んでいなかった各地で，新しい資源を求めるプラントハンターたちの活躍が見られたのである．

有用性を確かめるために，科学的な知見の幅を広げる活動が活性化するのも歴史の必然である．すぐに役にたつというのではなくても，植物の多様性の基礎調査をしようという動きも強くなってきた．リンネが弟子たちを送り出したように，純粋に科学的な好奇心に従って植物の調査をしようという人たちの活動も見られたのである．博物館や植物園から派遣された人たちもあったし，宣教師として辺境の地に送られながら，やがて植物採集に生涯を捧げるというような人たちも現れてきた．

日本では，リンネの後継者だったチュンベリーの収集した資料標本が，最初の『日本植物誌』の資料となる．その後，シーボルトの採集品がツッカリーニの研究によって活用され，また，フランスからの宣教師サバチエの採集品に基づいてフランシェが研究した『日本植物誌』も刊行された．その他，ミッケル，デーデルラインなど，日本で植物標本の収集をした人は少なくない．とりわけ，日本の植物の研究にとって重要な役割を果たしたのがフォーリー（Tea Time 参照）である．はじめ宣教師として来日したフォーリーは，やがて標本をパリのレベレのところに送り，極端な細分派だったレベレがフォーリーの名前を種小名とする新名を続々発表し始めると，フォーリーもそれに促されるようにたくさんの標本を送り，日本の植物名がずいぶん増やされることになった．

第二次世界大戦中には資源としての植物の意味が強く意識され，東南アジアの植物の目録が編まれて資源の探索のための資料とされたりしたが，調査そのものが進められるより先に戦況が不利になり，研究の推進につながることはなかった．

日本の事情を簡潔に紹介したが，同じように，日本以外の各地でも植物の調査研究は日ごとに重ねられ，植物多様性に関する事実は堅実に集積されてきた．

Tea Time

フォーリーによる日本植物の探索

ウルバン・フォーリー（Urbain Faurie, 1847～1914）が宣教師として日本へやってきたのは1873年，27歳のときで，神学校を卒業して神父の称号を得た直後だった．翌年新潟に赴任したが，その際『日本植物誌』（1874～1879）の著者だったフランシェの依頼で植物採集をしたのが，プラントハンターとして最初の仕事だった．その後しばらく東京勤務を経て，1883年に青森県，北海道担当となり，函館に本拠を置いて，布教の傍ら植物採集にも励んだ．一時病を得てヨーロッパへ帰るが，回復後すぐに日本へ戻り，巡回教師の任を解かれたためかえって自由に全国を旅することができるようになり，精力的に植物標本の採集をするようになった．樺太，朝鮮半島をはじめ，1911～1912年にはハワイへも足を伸ばした．1912年末に台湾へ赴き，そのまま台湾で採集を続けたが，病を得て没した．はじめは日本の植物学者とは交流せず，珍しいものを採集すると残りは踏みにじっていったというが，日露戦争後は日本の植物学者にも標本を提供した．

彼は幼時，学校にいる間は理科に関心はなかったそうである．しかし，「蕃地」へ布教する意気込みで日本へやってきたら意外に開けていて拍子抜けし，最初にフランシェに頼まれて採集した植物標本を送ったことから植物に関心をもつようになったと，後年仲間に語っていたそうである．もっとも，はじめはきっちりした研究者や機関に標本を送っていたのだが，やがてすぐに同定結果を知らせてくれたり，自分の名前を付した新種を発表してくれる人に惹かれ，とりわけレベレのように専門的でない人にたくさん標本を送ったため，名前の混乱など，研究上の障害を招いたこともあった．

フォーリーの足跡は，戦前の旧日本（樺太，朝鮮半島，台湾を含む）とハワイの範囲で，ほとんど隈なくといえるほど各地に及んでいる．布教の傍らの作業としては，その精力的な活動に舌を巻く．採集品も維管束植物だけでなく，蘚苔類，菌類，地衣類など広い範囲をカバーしている．氏の採集品をもとにつけられた新名は約700，フォーリーという名前が学名に使われたものだけでも70を数える．標本は常に何組か採集したが，かならず1セット以上は手元に残し，それはいずれ地元の日本に置かれ，研究資料として使われることを期待していたという．亡くなった後に残された標本が6万点と称されるが，これはすべて岡崎忠雄氏が買い取って京都大学に寄贈された．数多くの副基準標本を含んでおり，日本の植物研究にとって不可欠の資料である．

フォーリーは，遅れて来たプラントハンターの一人だったが，研究用の標本の収集に目的を絞り，しかも研究は専門の研究者に全面的に委ねて自分は標本の収集という奉仕に徹していた．営利目的の園芸植物の採集にはほとんど関心

をもっていなかったらしい．フランスからはアカデミーのオフィサーに指名されるなど，栄誉を得ていたが，標本収集家として標本を売って得たお金は，地域の子どもたちの教育援助や殖産補助に使い，自分自身は常にみすぼらしい身なりでも平気で，清廉な生活を送っていた．敬虔なキリスト教徒として，布教に生涯身を捧げていた．

第13講

資源の探索2：生物多様性の調査研究

キーワード：遺伝子資源　　植物相　　植物の基礎情報　　多様性の研究　　調査

　プラントハンターの活躍によって，世界の有用植物がヨーロッパで知られるようになってくると，知られていない植物についての好奇心がさらに深まった．有用性の探索と並んで，科学的好奇心が強まり，広まってきたのも，人の知的活動の特性からいって順当な発展である．

　地球上の植物の多様なすがたを知り，その系統を跡づけることは，純粋に植物学的な課題であるが，植物多様性の実態を知ることは，そのまま資源についての情報を提供することでもある．資源についての情報と，科学的好奇心から来る探求とは，常に表裏一体の関係を維持しながら展開してきた．

　分類学中興の祖といわれるリンネは，自分ではヨーロッパ以外でのフィールドワークを行うことはなかったが，弟子たちを世界各地へ派遣して（Tea Time参照），地球上の生物多様性の基礎的調査に貢献した．リンネの貢献があって以後，時代の波に沿って，生物多様性にかかわる知見は，急速に豊かになってきた．

植物相の調査研究

　植物相を調査研究するとはどういうことか．資源の探索だけでなく，生物の正体を正確に認識しようという意欲が，プラントハンターを通じて，世界中の動植物の標本や生きたすがたをヨーロッパに導入する動機になったと，前講で述べた．そのうちに，ヨーロッパに生きている植物の多様性についての知見がまとめられ，さらに地球上に生きているすべての植物についての情報の探索にも力が注がれるようになってきた．インベントリーとしての植物相の調査研究の組織化である．その時点でも，インベントリーとしての社会的関心があり，その研究を推進する探検家や植物学者の科学的好奇心も旺盛に発揮された．

　中国にも，古来，自然に産する物産は貴重な財産であると考える文化がある．

動植物など自然の産物の記録には古くから力が注がれ，本草学と呼ばれてきた．しかし，自然の体系を科学的に集成する動きに遅れをとったので，歴史的な成果も西欧的な生物学の体系に飲み込まれることになった．

　見たこともない植物を調べて名前をつけ，そのうちに，まだ名前がついていない植物を見いだして新しい名前をつけて発表するのは，人の好奇心と，ある場合には名誉欲を楽しませる作業である．分類学に携わる研究者は，ついその魅力にとらわれて，新種を記載することだけに歓びを見いだすマニアックな人になってしまうことがある．それで正確に多様性に関する情報の構築に貢献することは，それ自体科学に貢献することではある．しかし，自然の実態を知りたいという科学的好奇心からいえば，特殊化された趣味的な世界に埋没してしまうことになる．そのうち，新種をいくつ記載しました，とか，何ページ論文を書きました，とかいうのが分類学者の勲章にされたりすることがあり，分類学という分野は特殊な閉鎖社会を構築しているかのように見誤られた時期さえあった（私が分類学の研究を始めたのは，そのような誤解が幅を利かせていた頃だった．しかし，いうまでもないことであるが，科学の基本はそういう誤解に煩わされることなく進展するものである）．

　どこにどのような生き物がどうして生きているか，は生物多様性研究の基盤となる情報である．その情報が，植物相という切り口で調査され，比較研究される．しかも，情報の正確さを記すために，特定の地域に限定して，地域植物相の研究として発展することが多い．アリストテレスの時代からまとめが始められたこの種の調査研究は，現在にいたってもなお情報不足をかこつところではあるが，他方では膨大な知見を集積していることでもある．

植物相研究と社会

　植物相研究の意義は，基本的には科学研究の意味に通底する．

　この節は，私自身の経験から話を始めさせていただこう．1953年に大学に入学した私が大学院へ進んだのは，1957年のことだった．DNAの構造モデルが提唱されて分子生物学が発展しようとしていたときだったし，集団の生物学が生態学という科学として確立されようという時期だった．その時期に，植物分類学を専攻しようとした私は，なぜ今頃そういう時代遅れの分野を選ぶのか，と周りの人たちからあからさまにいわれたものだった．それでも，生物の多様性を手がかりに，生き物が担う歴史をたずね，生きているとはどういうことかを究めようとしていた私は，専攻分野として植物分類学を選び，その分野で研究活動を始めた．すぐに役にたつとは思わなかったが，科学にとってはもっとも重要な基礎的分野であることに，当時は上手に説明できないままに，

自信をもっていた．そして，研究を始めてしばらく経つと，資源の問題が社会的な課題として浮上してきた．1970年代に入ると欧米では種の保存法がつくられ，遺伝子組み換え技術や細胞融合の技術が確立され，組織培養技術が発展するなど，バイオテクノロジーの進歩にともなって，資源の課題は潜在的な遺伝子資源への注目を呼ぶことになった．著しく進歩した生態学の基盤としても，潜在遺伝子資源が何かを知る手がかりとしても，分類学のうちのインベントリーの部分の知見の緊急の進歩が期待されるようになった．しかし，アリストテレスの頃から営々と築き上げられてきた調査研究の蓄積を集成しても，生物多様性の基礎となる知見は，やっと1％相当の種について，識別，命名ができるようになったという状況である．今緊急に全貌を明かせと求められても，そう簡単にできるものではない．簡単にできるものなら，もうすでにわかっていたはずである．やはり，これまで同様，基盤となる知見を営々と，しかし堅実に積み上げていくこと以上に早道の方法というものはない．

　しかし，だからといってのんびりやっているわけではない．名前も知られないままにどこかでひっそりと絶滅してしまうような種が頻発することがないように，種の多様性に関する基礎的知見の集積には力が注がれている．その一端が前節で紹介された．さて，それでは社会的な要請に従って研究するとはどういうことか．

　今日的な植物分類学（最近では，生物学を形態学，生理学，細胞学などという区分をすることはほとんどない．分類学についても，言葉自体の古くさいといわれる印象を逃れるためもあって，「多様性の生物学」などという言い方をすることもある）を推進するのはなぜか．直面する社会への貢献として，通常は次の2点をあげる．

　ひとつは，潜在遺伝子資源という言葉を受けて，資源の開発の基盤として，である．バイオテクノジーが技術として発展しても，活用する遺伝子についての知見が豊かでなければ，適用される範囲は限られる．現に億を超えるかもしれない数の種に多様化している生物の遺伝子が何であるか，すべてについての知見を整えれば，何をどう活用するかの選択の幅は広がる．わずか1％の種に名前をつけた程度の知見しかなく，全塩基配列が解読されているのはごく限られた種でだけであるという現状では，せっかくの宝の山が持ち腐れであるといわねばならない．宝の山が活用できるように，インベントリーから始めて，基盤的な情報の構築・整備は緊急に進められるべき課題であり，それなしに，近未来以後の人類の生存はあり得ないとさえいえるのである．その意味で，社会に対して分類学が担う責務は大きい．

　もうひとつは，環境保全の基盤としての種多様性の研究である．21世紀に

持ち越された人類の課題として，環境問題は重い．しかも，人の生存基盤にとって，環境を彩る緑は欠かすことのできないものである．ところが，人の営為によって，絶滅の危機に瀕する種は大きな数に達している．多様性が劣化することは，徐々に劣化するだけでなく，ある閾値を超えれば環境全体がばたばたと崩壊する危険性をはらんでいる課題である．それだのに，私たちはまだ地球環境を構成している自然について，限られた範囲の知見をもっているだけで，日常的に厳しい危機的事象に直面している．自然の実態を解明することによって，あるべき人間環境を描き出すべきであるが，その基盤として，どこにどういう植物種がどのように適応的に生きているか，事実をまず知ることから始めることが緊急の課題である．それなしに，近未来以後の人類の生存は保証されない．ここでも，分類学が社会に対して担う責務は大きい．

しかし，分類学が科学の対象として緊急の課題であるというのは，社会的課題に直面しているからだけではない．私が分類学を専攻したのも，インベントリーとしての植物相を究極の研究対象としてではなかった．植物相の研究は，生物多様性のもつ法則性の解析の基盤をつくるものであり，生きているとはどういうことかを解明するための生物多様性の研究の一環である．その意味で，どこにどういう生き物が生きているかを網羅することから始め，多様な生物のもつ情報を知ることなしに，生命の実体を知ることはあり得ない．生物多様性の解析をするのも，究極の目的はそこにあり，そのことを隠して今日の生活の便益とのかかわりだけで存在意義を説くのは，正しいこととはいえない．

= Tea Time =

リンネとチュンベリー

スウェーデンのリンネ（Carl von Linné, 1707～1778：図13.1）は分類学中興の祖といわれる．その当時知られていた全生物種を網羅して同じ規格で，動物については『自然の体系』（第10版，1758），植物については『植物の種』（1753）に取りまとめ，二命名法を適用できるかたちで統一して，（例外とする分類群もいくつかはあるが）現行の学名の出発点とした．もっとも全部といっても，植物は6000種ほどだから，限られた数ではあるが，そのときすでに二命名法によって学名を付与する方法で，膨大な数に達する地球上の種名を情報処理するのに理想的な手法を確立した．

リンネはオランダなどで研究した後，故国へ戻ってウプサラ大学に籍を置いたが，後年は植物園を主宰し（図13.2），自身は研究に専念した．しかし，すぐれた弟子たちを世界各地に派遣し，生物多様性に関する新知見の構築に大き

図 13.1　ウプサラにあるリンネ邸内の
リンネ立像（左）と肖像画

図 13.2　リンネの植物園

図 13.3　ウプサラ大学チュンベリー標本館にあるチュンベリー像

な貢献を行った．世界各地へ送られた仲間とは，西アフリカへアフツェリウス（A.Afzelius, 1750～1837），北米東部へカーム（P.Kalm, 1715～1779），スピッツベルゲンなどへモンタン（L.Montin, 1723～1785），南米へロランダー（D.Rolander, 1725～1793），オセアニアへソランダー（D.C.Solander, 1736～1782），南米，南アフリカ，ニュージーランドなどへスパルマン（A.Sparrman, 1748～1820），南アジアから南中国までへテーレン（O.Toren, ?～1753），そして中国へはオズベック（P.Osbeck, 1723～1805）などである．ほかに，著名なコレクターではあるが，西アフリカへ行ったバーリン（A.Berlin, 1746～1773），南欧からアラビアへ行ったフォルスカル（P.Forsskal, 1736～1768），近東へ出かけたハッスルキスト（F.Hasselqvist, 1722～1752），南米へ行ったレフリング（P.Loefling, 1729～1756），東南アジアへ出かけたテルンストローム（C.Taernstroem, 1703～1746）らは調査地で倒れ，ついに帰国することがなかった．

　リンネの高弟のチュンベリー（Carl Peter Thunberg, 1743～1828：図13.3）は南アフリカと日本へ派遣された．南アフリカは，地球上の植物区系を6つに分かつときに小さくひとつの区分を設けるほど特異な植物相をもつところであるし，日本はすでにケンペルの旅行記などで豊かな植物相を誇る場所であることが知られていた．それほど植物学的関心の高いところへ派遣されたチュンベリーは，帰国後，リンネの教授職を継いだ息子（リンネのことをLと表記し，息子のカールはL.f.と略記される）の後，ウプサラ大学教授となり，後に学長を務めていることからも，実力のほどが推定でき，早くからリンネに期待されていたことがうかがえる．

　チュンベリーは，1775年にオランダの医者として長崎へ着き，1776年に江

図 **13.4**　"Flora of Japan"（英文版『日本植物誌』）の表紙

戸への旅を行った．その途次，自身でも採集したが，彼に教えを受けようとした日本人の採集品ももらい受け，800余種を収集し，充実したコレクションをつくった．もっとも，彼がジャワ，セイロン，オフンダ，イギリス，ドイツと回遊してウプサラへ帰り着いた1779年にはすでに師は鬼籍に入っていた．帰国後，自身のコレクションの研究を行い，85年に及ぶ生涯を全うした．1784年には最初の『日本植物誌』を刊行し，『南アフリカ植物誌』はもっと後の1823年に完成した．

　欧米風の科学の手法による日本の植物の研究は，チュンベリーのようなすぐれた研究者によって始められた．そのおかげで，初期に陥りやすい無用の混乱を招くことは避けられた．日本の植物のその後の研究の進展には，おおいに益するところがあったといえる（図13.4）．

第14講

資源の探索3：バイオインフォマティクス

キーワード：情報科学　　推計学　　生物多様性　　生命科学
　　　　　　潜在遺伝子資源

　20世紀に大きく発展した科学は，物理・化学を基本とした．後半になって分子生物学を基盤として，飛躍的な展開を見せた生命科学についても，生命現象を物理化学的手法で解析することに成果をあげてきたのだった．21世紀に入って大きな発展が期待される科学の分野として，生物科学と情報科学が話題になることが多い．ところで，この2つの分野をつないで，バイオインフォマティクスという言葉がつくられている．生物情報学，という日本語もあるが，あまり普及していない．情報科学の成果を用いて生命についての知見を深め，生命のもつ膨大な情報を究めるために情報科学の発展を期待するという，領域横断的な研究分野である．

　科学としてのバイオインフォマティクスの現在的意義と，それが社会にとってどういう実利をもたらし得るかを考えてみよう．

生物多様性にかかわる情報

　生命は目に見える物質のかたまりであるだけではなくて，ある意味では情報だともいえる．

　30数億年前に地球上に姿を現した生物は，それ以後一貫して生き続けている．生命体は分裂して消滅したり，やがては個体の死を演出したりもして変貌を繰り返してきたが，生き物は，物質的基盤がどうであっても，一貫して生きている生命を担ってきた．その生命とは何だったか．少なくとも，物質のかたまりではない．生き物とは物質のかたまりでもある生命体が生命を担っているすがたであるといえる．生命体のもつDNAに担われている遺伝情報は，世代を超えて生命を生き続けさせ，生きていることを演出し続けた．

　遺伝情報が膨大な量のものであることはよく理解されている．たった1個の受精卵から展開し（ヒトの場合だと60兆もの細胞が集積して構成する成体に

育ってくる），生物の発生を支配する情報，ヒトの神経細胞に刻み込まれるシナプスが知的活動に示す情報など，いくつかの例示をすれば，生命現象にかかわる情報量の大きさが膨大であることを理解するのはむずかしいことではない．単に情報が実体化するというのではなく，情報のセットが種に固有のプログラムに従って展開されると説明することもある．

　さらに，生命にかかわる情報のうちでも，生物多様性にかかわる情報が膨大な量に達することは，わかりやすい事実である．地球上に現存する生物は，種数で数えれば，既知のものが150万種，実際は数千万種か，億を超える数に達すると推定される．ヒトは今では60億人を超える個体数（＝人口）を記録しているが，それらの間に全く同じ個体というものはなく，すべての個体についてわずかずつの変異が見られる．1人のヒトは60兆の細胞で構成されているが，そこにも全く同じ細胞は認められない．ヒトゲノムを解読するのに世界中の科学者，技術者が協力し，最先端の機器を駆使し，膨大な研究費を投入し，それでいて数年の歳月を要した．しかも，全ゲノムの塩基配列を解読して，やっとヒトの科学的研究が始められるという．生命のもっている情報は，それほどの量に達するものである．それが，生物の多様性を解明するという点で，最大級の量に達するのである．

　種を手がかりにして，種のゲノムの全塩基配列を解読したといっても，個々の遺伝子のはたらきはこれから解析されることであるし，個体ごとに異なっているヒトの遺伝子についての解析ということになると，問題はさらに大量の情報処理を必要とする．それを，ヒトというひとつの種だけでなく，現生の億を超える数に達するかもしれない数の種について，さらに生物多様性の由来を解くとすればすでに絶滅してしまった地質時代の，数えることもできないほど多くの種のすべてについて敷衍して解析されなければならないのである．それだけの情報を，手仕事で解析するなどということは，考えられることではない．

情報を活用するために

　情報科学は何を明らかにするか．

　情報科学は，具体的なものを実験的に解析する物質科学や生命科学とは，おもむきを異にする科学の分野である．実験的な解析によって事物が内包する因果性を解明し，事物のもたらす現象の本質を明らかにしようとする実験科学とは違って，情報科学では，事物が演出する大量の情報を科学的に処理することによって，情報のもつ自立性，普遍性を明らかにし，ものごとの本質を追究しようとする．

　生命現象とは，地球上に生物がすがたを見せて以来一貫して生命体によって

演じられている現象であるが，言い換えると，生命体が担っている遺伝情報が支配し，生命体が演出する現象であるといえる．現象の因果性は，生物体という物体の演出によるものだから，実験的に解析できるものである．生命科学の分野においては物理化学的手法を援用して，生命体の演出する生命現象の実態に迫る研究が，とりわけ20世紀後半以来大きな成果をあげてきた．しかし，生命体が演出する生命現象の本質は，遺伝情報に支配されているものであることは，個々の現象の由来として解析はされてはいるものの，情報の総体として扱われ，処理されてはいない．理由ははっきりしていて，扱うべき情報量があまりにも膨大であって旧来の手仕事の研究手法では処理不能であること，さらに根本的な問題としては，処理すべき情報そのものの構築がほとんどできていないことによるものである．しかし，生命科学の分野で，情報処理に情報科学の成果を積極的に取り入れようという努力は重ねられている．

情報科学と生命科学が融合してバイオインフォマティクスという分野が生み出され，生命科学者と情報科学者の協力によって，この分野の成果が出始めている．理想的には情報科学者が生命現象について十分の理解をもつか，生物学者が情報処理の手法を駆使することができれば問題ないのであるが，そのような器用な研究者は簡単には育たない．だから，現状では，バイオインフォマティクスと呼べる領域ですぐれた業績があげられているのは，限られた範囲にとどまっている．

DNAの塩基配列が解読されることに基づき，セントラルドグマで示される過程で，遺伝子からタンパク質の産出までの過程が，個別の実験的解析だけでなく，情報処理の手法を援用することによって解析可能になると期待される．タンパク質の構造は複雑で多様であり，ひとつひとつを手仕事で解明していけば天文学的時間を要することだろう．これを，情報科学と結びつけて解明するプロテオミクスと呼ばれるタンパク質科学の領域で発展させれば，バイオインフォマティクスのよい研究対象となって，成果に結びつく．

脳は神経細胞の集まりで，動物の神経の中枢である．ここで処理されている情報量が膨大なものであることは，生物科学に関心のない人にとっても，わかりやすい事実である．脳が個々の動物の発生過程でどのように形成されてくるかは，ずいぶんよくわかってきた．そこで，神経細胞がどのように情報を獲得し，処理しているか，膨大な量の情報を処理することによって解明されつつある．脳科学もまた情報科学との結びつきによって大きく発展する機運を見せている．人の知的活動も，脳によって演出される．脳のはたらきが正しく理解されることによって，知的活動の本質がどこまで明らかにされ得るのか，誰でもが興味をもつ分野である．

生物多様性情報の科学

　関与する情報量が圧倒的に大きい生物多様性の研究にとって，情報科学の手法を活用することは最低限必要なことであり，歴史的にも有効に実行されてきた．しかし，生物多様性のバイオインフォーマティクスは，日本ではずいぶん遅れている分野であることがあまり理解されていないし，そのことに対する危機感も希薄である．

　生物多様性の分野は，どこにどんな生物が生きているかという初歩的な情報を含め，基礎的な情報構築にはなはだ遅れをとっている．既知の種数が150万種で，実際に地球上に現存していると推定される種数は億を超えるということは，現に構築されている種多様性の基礎的情報は，どこにどんな生物が生きているかという第一歩でさえ，1％くらいにすぎないということを意味している．しかも，既知の1％の種のうち，断片的にでも遺伝子の情報が明かされているのはやはり数％にとどまっているし，DNAの全塩基配列が解読されているのは数十種に限られている．生物多様性にかかわる情報のうち，現に科学的に活用できる情報がどれだけ限られたものかは推して知るべしということか．たったそれだけの情報が構築されている現状では，どんなにすぐれた情報科学の技法が活用されようと，そのわずかな情報に基づいて解明され得ることはほとんどないという批判も，偏った意見とはいえない．

　生物多様性の情報を電子化し，地球規模でネットワークしようという努力が推進されている（Tea Time参照）．すでに集積された情報をもとに，推計できることを描き出そうという試みも始められている．とりわけ，遺伝子資源の探索や環境保全の基盤整備について，生物多様性についての完全な知見に対する期待は大きい．可能な限りで，緊急に，社会的貢献が求められる分野である．現に収集されている情報を有効に活用できる方向で整備し，それに基づいて科学的な推計が正しく進められることだけでも，緊急に必要である．

　情報を整備し，資源や環境にかかわる社会的要請に応じる推計をするのは，現在の生物科学の方法を大規模にプログラムしようという範囲の話である．しかし，億を超えるかもしれないほどの生物種について，150万種しか認知していない現状を大幅に打破するためには，これまでの手仕事による調査，識別，記載という方法に全面的に依拠しているわけにはいかない．地球上に生育しているすべての生物種についての知見を得るためにも，それらの種がどのように進化してきたかの情報を構築するためにも，現生種がもつ情報から生物多様性とその系統的背景の情報を再構築することが求められる．生物多様性のバイオインフォーマティクスは，生物科学の本質的な命題を解明するために不可欠な

手法であり，そのための基盤整備は科学の進展にとってきわめて重要なことである．

═══════════════ Tea Time ═══════════════

地球規模生物多様性情報機構（GBIF）

　Global Biodiversity Information Facilityは，OECDメガサイエンスフォーラムの提案により，同閣僚会議の合意を得て，2000年3月に，国際的非政府機構を含む政府間機構として結成された．事務局はコペンハーゲン大学動物博物館に付設してつくられている．投票権のある加盟団体は，OECDの基準に合わせて設定された拠出金を出している国に限られているが，多くの議題は満場一致方式で決められていくので，基金を拠出していない国や経済体，それにNGOなどの準加盟国（団体）も積極的に事業の推進にかかわっている．

　生物多様性にかかわる情報量は，はかり知れないほどの量に達すると推定されるが，すでに科学が明らかにしている情報だけでも膨大な量に達している．この情報を電子化した状態で，地球規模で統一的にネットワークし，利用に供するのがこの機構の最低限の目的である．情報量が巨大になる生物多様性の解析には，バイオインフォーマティクスの推進が強く期待されるところである．そのためにも，電子化された生物多様性関連の情報を，統一された規格によって集成する必要がある．GBIFの活動の目的は，すでに電子化されている情報を統一されたフォーマットで集成し，それを用いて生物多様性のバイオインフォーマティクスの研究を創始することである．

　2000年に発足し，最初の3年目に外部機関の評価を受け，その結果によって5年目以後への展開を検討することになっていたが，3年目の外部評価では高い評価を受け，第2期へ向けての展開を行っている．最初の5年には，自然史標本のデータや，生態観察記録などをネットワーク化することに重点が置かれ，2005年末現在で8000万点を超えるデータが収蔵された．もっとも，期待される生物多様性情報の量から考えると，この数字はまだまだ小さいものであり，また，情報の質の向上を図ることも期待される．さらに，標本データなどだけでなく，それを分子情報や，その他の解析データとどのように参照しあうかも，次の段階で乗り越えるべき課題である（図14.1）．

　この課題について，日本では，今のところ，限られた数の特定の研究者が貢献しているだけであるが，問題の大きさ，期待性などから，多くの人の注目が集まることが期待される．

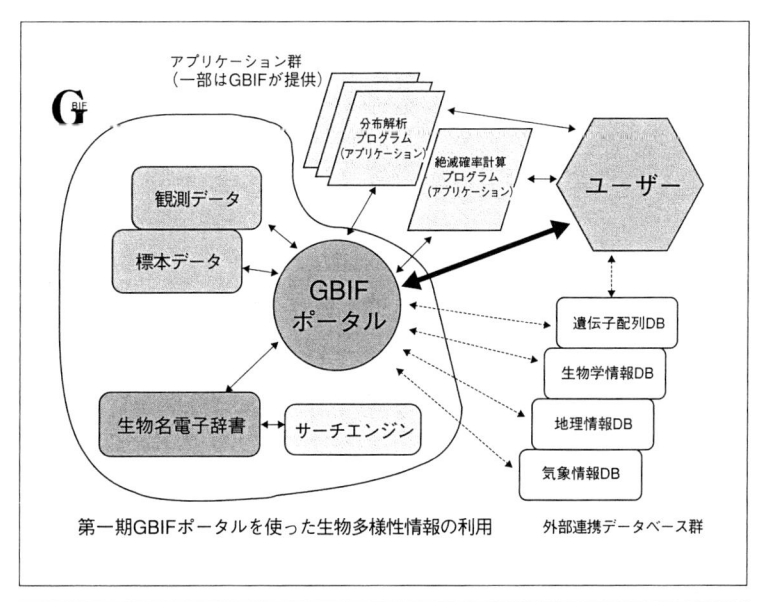

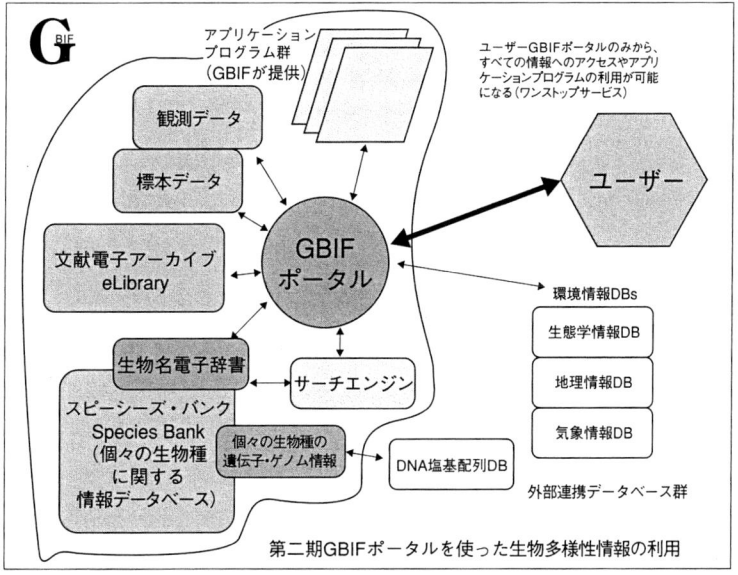

図 14.1　地球規模生物多様性情報機構（GBIF）（伊藤元己氏提供）

第15講

民俗植物学

キーワード：経験則　植物と生活　人の生活　民俗　民族　有用植物

　人々の生活は，身の周りの自然，そこに生きる生物多様性と深いかかわりをもってきた．植物と人の相互の関係も，まだヒトが人へ進化する前の，野生の生物の一種だった頃から展開してきたものである．だから，植物学という科学の体系に従って植物が研究対象になるのとは独立に，経験的に人がつきあってきた植物たちと人との関係が実在し，現にそれが有用植物についての情報を提供してくれる．地域に生活する人々が，厳密な意味での科学的解析には関係なく，歴史に裏打ちされた経験に基づいて，社会内に蓄積してきた有用な植物の情報を収集する研究分野を，民俗植物学と呼んでいる．人類学の発展と相関して進歩してきた分野であるが，人を知るためにも，植物を知るためにも，有用な情報が確認され，集積されている．特定の地域で活用されていた植物から，資源としての有用性が広く知られるようになった事実も少なくない．

民俗植物学

　ethnobotanyという語を訳して民俗植物学という．地域の住民が植物とどうつきあっているかを調査し，考察する文化人類学の一分野である．ethno-はエスニック料理のethnicと同根の語である．人が植物とどのようにかかわりあいながら人に進化してきたか，現在もなお続いているかかわりから跡づけられるところを知ろうとする．その意味では，人について知ろうとする科学の分野であるが，研究成果は植物についての知見，情報ももたらしてくれる．

　植物と人とのかかわりは，すべてが民俗植物学の研究対象であるといってもよい．ただし，科学の体系に沿って究められる植物学とは少し違うところがある．民俗植物学では，農村等で今もなお地域特有のかたちで（生活の役にたてるだけでなく，美術，宗教，習慣等すべてのかかわりで）利用している植物に関する情報を，正確に広範囲に収集する．収集された情報をもとに，地域を越えた人と植物の関係を俯瞰し，さらに秘められた植物のもつ可能性をたず

ねる．植物学が科学の体系として必然的に語る有用性は，植物についての情報が限られている現状では，限られた範囲にとどまっている．それに対して，地域で経験的に利用されてきた植物のもつ可能性は，科学的に解明されてはいないものでも，資源としての意義を示唆している．その植物を利用するにいたるまでに，ひょっとするといくつかの犠牲が払われたかもしれないが，資源としての有用性は，長い歴史における生活体験を通じて，社会の中で確証されたものになっている．

人はもともと人に進化する前から，他の生き物たちと地球表層を共有して生きてきた．生態系のひとつの要素として，植物ともかかわりあってきた．知的な活動を始め，科学を創出してから，植物を科学的に解明するようになったが，そうなってもなお，植物と試行錯誤を重ねるつきあいも続けている．そのような人と植物のかかわりあいから，人とは何かを見ようとする．そして，人類学の一分野として芽生えた民俗植物学は，今では，派生的に，利用されている植物から有用性のあるものを見いだそうとする．

民俗植物学の目的は，資源としての植物の有用性を探索することにあるのではない．むしろ，人と植物の関係性をたどることによって，地域の人々の生活と文化を解明しようという研究分野である．ただ，そこで得られた情報は，資源に関する付加的な情報を与え，上述のような有効性をもたらすこともあるので，その方面でも活用されている．

日本人を知ろうとするとき，君がために春の野に出て若菜摘む貴人のすがた，山路来て何やら床しとスミレを見る詩人，それに富士には月見草がよく似あうと感じる文人のすがたが見えてくる．これは食べたり，見てこころを癒したりするのに使う植物の話題ではない．しかし，これらの植物との関係性を見ずして日本人を語ることはできない．

植 物 と 人

民俗植物学が究める植物と人の関係は，あらゆる関係性を網羅する．有用性，有害性に限らず，外見上は無関係であることも，ある種の関係性として理解されることがある．

そのような視点で，植物と人との関係を網羅するとどういうことになるだろうか．人にとっての有用性については，これまで考えてきたように，食用，薬用，観賞用などと，生活のための資源としての意味のすべてが含まれるし，人間環境としての緑の意味も無視することはできない．直接的な関係だけでなく，間接的に食用の動物の飼料などの資源として活用されている植物も多様に及ぶ．有害性も，有用性と裏腹の関係で，人の生活に密着するものといえる．

むしろ，人に関係のない植物とは何かを整理してみるとどうなるか．地球上で生命系を構成しているすべての生物の間には，直接的・間接的な関係性が共有されている．人に関係のない植物などというものはないはずである．関係がないといわれるものは，有用性，有害性など，顕著なかかわりあいが説明されないだけで，特に研究の対象にならないからということではない．地球表層に生を享けて，生命系の一要素として生を共有しているという点では，すべての植物も人も同じであり，人とかかわりあって生きている．

そのように，あらゆる植物は生命系を構成するという意味では，人と密接な関係性を維持している．しかし，それを人が意識するかしないかは，植物との関係性にとって重要な点である．本書でも，植物と人との関係を，有用性を軸に論じるが，その意味では植物を利用の対象としての部分だけで見ようとしているといわれかねない．人と植物の関係を，植物の利用という視点から見るのが，今ではむしろ常識とされているかもしれない．しかし，人と植物の関係は，実際は，有用性，有害性を越えて，地球表層における生を共有している点にこそあることを認識しておきたい．

科学が未解明の経験則

これまでに科学が解明している植物に関する知見は，ごく限られた範囲にとどまる．植物の多様性についても，まだ名前さえつけていない植物が何万とあると推定されるし，名前をつけてもほとんどその特質が知られていないという種が圧倒的に多い．むしろ，植物について科学が知っていることがごくわずかあるといった方が早い．

総体としてはごくわずかの割合だといいながら，そのごくわずかは絶対量としてははなはだ大きい．だから，知られている知見に基づくだけでも，今やバイオテクノロジーといわれる新技術を用いる部分も含めると，植物の利用の仕方はたいへん進歩している．人間生活が資源エネルギーの観点からきわめて豊かになったのには，そのような技術の発達に依存している部分が大きい．

しかし，それにもかかわらず，植物を自家薬籠のものとして利用するためには，科学が蔵している植物についての知見はまだ限られている．環境のあり方を正しくデザインしようとしても，方策を定めるための基礎資料がない．里山の維持管理の方策を日本列島全体を見通してできるだけ早く企画し，実施しなければならないという点では共通の理解が得られているものの，それなら何をどう営めばよいのか，判断のための基礎的な情報がほとんどないといわざるを得ない．植物の実態に関する知見はその程度に限られた範囲でしか得られていないのである．

図 15.1　ボゴール植物園に最初に導入されたサゴヤシの株　　　図 15.2　パラゴムノキ

　だから，植物の活用法，維持管理の手法を知ろうとすれば，科学的知見に基づいた情報だけでなく，歴史を通じて培われてきた経験則による知見が期待されるのである．民俗植物学では，それぞれの社会に蓄積されてきた植物に関する情報を収集し，相互に比較し，解析しようとする．実際，情報が有効に活用された例には事欠かない．

　インドネシアのボゴール植物園にははじめて園に導入されたというサゴヤシの記念樹（図15.1）が残されている．地域で貴重な食料源として利用されていたサゴヤシをより広範囲に利用するための研究が，この植物園を舞台にして推進された．

　もっと大規模な資源の活用といえば，ブラジルで局地的に利用されていたパラゴムノキが東南アジアに導入され，20世紀のゴム産業の大発展を見るようになった（図15.2）話題は，資源の導入，開発の教科書のような例である．

第16講

薬用植物と科学的創薬

キーワード：生薬　新薬　創薬　民間薬　薬用植物

　動物は，有毒植物を識別して食べないようにしている．アセビ（馬酔木と書く）はシカが食べないため，奈良公園に旺盛に繁茂する．動物も，毒や薬の効用を識別して植物を摂取する．放牧されているウシがワラビを食べないのも，その成分に反応しているかららしい．

　人にとっても，有毒植物を識別することは生きるための最低限の知識だった．しかし，最近になっても，山草を間違った植物で調理したり，有毒キノコを食べて中毒したりする例は，度々メディアの報道で見るとおりである．

　薬用植物はまだ文化が進歩発展する前から貴重な資源だった．人がいつ頃から植物を薬として選別し，利用するようになったか，その起源と展開を追ってみよう．

薬用植物とその起源

　薬用植物とは何か，定義はむずかしい．傷を癒し，病から回復するために役だつ植物は，薬用植物である．それに対して，病や苦痛をもたらす有毒植物がある．しかし，薬用植物も，量を間違えて摂取すれば人に危害を与えるし，有毒植物も，方法や量を考慮して使えば薬として機能する．

　薬味という言葉がある．味覚を富ませるものは薬であるという東洋的な発想が込められた言葉である．味を豊かにすることは食欲増進につながり，健康維持に加勢することではあるが，病の苦しみからの回復に直接有効というのではない．また，薬膳という言葉もある．健康増進は普段の健康管理に基づくものであり，予防医学のためには日常的に薬膳を供し，薬味を用いることは効果がある．そうなると，香辛料などの嗜好品は広義には薬の範疇に加わることになる．

　ヨーロッパでは歴史的にハーブを栽培してきた（図16.1）．ハーブという言葉は，もともと草本を意味する．草はすべてハーブである．しかし，数ある草

図 16.1 ハーブ
(a) ミント，(b) バジル，(c) ラベンダー（以上，福田泰二撮影），(d) タイム（松本 仁撮影）．

のうち，人のくらしと密接にかかわりのあるものを身の周りに置くようになり，（食用以外の）有用植物がハーブと理解されるようになったらしい．傷や病を癒す薬用植物のほか，敵を倒し，狩猟に用いる有毒植物，呪いに活用する幻覚植物，からだを彩色するのに使う色素をもった植物などもある．すでに4000年前のシュメール人の記録に薬草のリストがあり，250種以上の植物名が記されているという．聖書にも見られるように，ハーブは医療用に加えて，祭祀，香料，香味，媚薬などにも使われていた．香油などの化粧用，神々に捧げる薫香用，ミイラの製造にともなう防腐，防臭用など，ハーブの使われ方は多様だったのである．ローマ皇帝ネロはバラの花をベッドや床に敷き詰めたというが，一般にも冠婚葬祭に花々が用いられ，色と香りが珍重されてきた．

　ハーブの防腐や殺菌の作用は，食材の処理にも利用されるようになり，薬味としても活用されることになった．肉や魚の料理にはハーブを加えた処理が加

わった．ハーブは食べることと不可分離になり，旅する人はハーブを携行するようになった．ローマ帝国の兵士は遠征の際にハーブの種子や苗を携えており，今イギリスで半野生状態で路傍などに生育しているフェンネルやミント（ハッカ）は，かつてイギリスに滞在したローマの駐屯兵の置き土産であると考証されている．

中世の修道院は殖産のセンターでもあり，教育の場でもあったが，療養所の役割も果たしていた．薬草としてのハーブは修道院で栽培され，病気の治療におおいに活用された．やがて，ハーブに関する書籍は薬用植物誌として植物学の情報源として珍重されるようになった．しかし，またルネッサンスを経て，16世紀にもなると，ハーブは薬用に限定せず，日常生活に役だつ香草としての効用も見直され，広く活用されるようになっていた．

薬用植物とは何かを定義するのはますますむずかしくなるが，ヒト以外の動物は植物の薬用効果をどのように活用しているか．飼いネコが時々庭に出て草の葉を食むのはセルロース補給のためであると説明されることがある．真偽のほどはわからないが，動物の嗜好のうちには理屈に合わないものもままあり，これはしかし，人の科学がそこまで解明していないということに尽きる挿話なのだろう．動物のうちにも，エネルギー源として食用の植物を食べるだけでなく，腹を膨らませるだけでない，だから嗜好品としての植物の摂取も珍しくはないらしい．

狩猟採取の時代から，ヒトは食用の植物以外のものも利用していた．それは，ヒトが人になって始めた行為ではなくて，動物が広く身につけるようになっている行為を，知的活動を始めるにともなって，より高度化したというものだったのだろう．

薬用植物の栽培

大学の薬学部には薬用植物園を設置することが，学部の設置基準で求められている．薬は生きている植物と不可分離のものであると理解されているのである．植物園の起源をたずねると，王侯貴族の庭園だった場合と，薬用植物園だった場合がある．ヨーロッパでは中世にも修道院に薬用植物としてのハーブが栽培されていたようであるが，13世紀にはローマ法王ニコラウス3世が大規模な薬草園をつくり，そこでローマ大学の教授が植物学の講義を行ったという記録がある．東京大学植物園のように，5代将軍綱吉の幼時の屋敷の庭園に，幕府の御薬園の機能を持ち込み，小石川療養所のような施設さえつくった場所を発展させ，両者を併存した植物園もあった（岩槻，2004）．

野生の植物のうちには，植物園などの施設内に持ち込んでも，なかなか栽培

に適応しないものがある．長い時間をかけて馴化されてきたハーブのように，栽培に適応している型は問題ないが，日本の野生植物には人工的な条件下で生き続けるのを嫌うものもある．ごくふつうに見るものでも，施設に持ち込むと間もなく枯れてしまうものも珍しくない．だから，野生植物から薬用成分を抽出したとしても，それを大量に集めることが容易でない場合もある．野生植物の場合，ある種の成分の含量はさまざまに変異することがある．地域集団ごとに成分の含量が違うような場合，同じ種であっても，含量がもっとも多い系統を栽培に馴化させることが肝要である．

　化学合成の技術が進んだ現在でも，植物に依存する薬品は少なくない．野生で均質の材料を大量に収集することはむずかしいので，圃場内に必要とする成分の含量が多い系統を栽培することになる．イチョウには血管強化の効能のある成分が含まれていることが認められ，製品が老人性痴呆の予防薬としてドイツなどで高く評価されているので，日本から葉が輸出されるようになった．そのため，北関東などで，葉を集めやすいように，人の背丈くらいの高さに成長を抑制された型が栽培されているらしい．日本ではこの薬効が認可されていないので，栄養食品としては販売されているものの，イチョウは薬用植物としては数えられてはいない．

民　間　薬

　科学の発展にともなって，薬は科学技術によって製造されるものが主流を占めるようになってきた．しかし，人工の薬は，効用も大きいが，薬害のような間違った結果もしばしばもたらす．そのため，新薬の創出には，これまで有効に使われていた民間薬の知恵を活用することも評価される．

　薬用植物といえば，民俗植物学の大切なテーマのひとつで，部族によって多様な植物の利用が図られている．地域文化がどのように形成されてきたかを跡づけるために，民間薬を指標にするのは有効な解析法であるが，民間薬の情報は新たな創薬のための基礎情報としても有用である．

　私たちも子どもの頃，お腹が痛くなると，乾燥して保存してあった家庭常備薬のゲンノショウコを煎じた汁を飲ませてもらった．ドクダミのこともあった．ドクダミは十薬と呼んでいたが，10種類もの病の症状に効き目があるという呼び名をもった草である．ヒマの種子をすりつぶしたものだったかを，下剤として与えられたこともあった．どういう症状に，どのように区別して与えられたか，よく理解していないが，半世紀あまり前の田舎では，富山の売薬業者の置き薬のほか，自分たちが採集し，風乾させた民間薬が常備されており，それぞれの効用についての知識も普遍的なものだった．ゲンノショウコやオオ

図 16.2 日本で古来より使用されてきた薬草
(福田泰二撮影)
(a) オオバコ,(b) ドクダミ,(c) ユキノシタ.

バコの葉は,山草摘みと同じように,田舎の四季の風物詩としても意味のあるものだった(図16.2).

　薬草は,世界の各地でそれぞれの経験に基づいて利用されている.薬効が社会に公認されるまでには,さまざまな経験が積み重ねられたに違いない.その経験のうちにはいくつもの失敗もあっただろうが,経験による選抜で,民族固有の薬草も知られるようになってきたのである.今では,世界中で利用されている薬草のほとんどは記録され,主要なものは有効成分が確定されてもいる.一例をあげると,生薬として販売されているもので,下剤のうち緩下剤ではマメ科のセンナ,同じマメ科のハブチャやエビスグサ(決明子),マメ科のハブソウ(望江南),タデ科のダイオウ(大黄),クロウメモドキ科のクロウメモドキ(鼠李子),ユリ科のアロエなどがアントラキノイドを含んでおり,峻下剤ではトウダイグサ科のトウゴマ(蓖麻子),ハズ(巴豆)がリシノーレインなどの脂肪油,ヒルガオ科のアサガオ(牽牛子)やヤラッパがファルビチンなどの樹脂配糖体,バラ科のノイバラ(営実)がフラボノイドを含んでいることが確かめられている.

(a) (a)

図 16.3 漢方薬
中国では伝統的に薬草が尊重される．(a) 四川省峨眉山麓で売られている漢方薬．
(b) 雲南省点蒼山の花甸場での山地民（白族）の薬草園．

現代の創薬

現在では，薬の大部分は化学合成されたいわゆる新薬である．しかし，合成物質に対して人々がもつ漠然とした不安感に対応してか，植物起源の天然物であることが強調される薬品もある．ただし，植物起源であるといいながら，抽出し，化学的な過程を経ているうちに，化学的に純化されて，生薬とは全く異なった様相を呈するものもある．

さらに，薬品の開発にあたっては，さまざまな新しい技術を適用した創薬が企画される．化学合成による新薬の開発には，実際に使えるまでにさまざまな検査等を必要とし，長い時間と巨額の開発費を必要とすることが多い．そうして開発した結果，副作用等が災いして使えないとなると，損失も大きい．そこで，創薬の科学も，今では分子生物学の知見に基づき，情報を駆使した試験等が行われる．病気の実体が解明されれば，それに対応する薬の創出が期待される．常に安楽と健康長寿を期待する人にとって，創薬に対する期待は無限に広がっていくだろうし，その素材としての植物の特性に関する情報の構築は，求め続けられるはずである．

一方，現在でも，民間薬として使われている経験的知識をもとにして，新薬が開発される例も少なくない．遺伝子資源としての基礎情報は，科学的に再検討され，創薬に結びつくものだからである．

経験的に植物の作用が明らかにされる例は，科学が進んでからでも反復して現れることである．ウシは野生のワラビを食べない．北イングランドの嵐が丘の辺りで秋になるとワラビの葉が褐色に枯れる景色は印象的であるが，これは

放牧されたウシの食べ残しである．ところが，刈り取って餌として与えると，ウシはワラビも食べてしまう．そういうウシには膀胱癌が多発する．そういう現象から，ワラビの成分のうちに誘癌物質があることが確かめられた．現象からその原理へいたる探索が始まる．だったら，民間薬から新薬の開発もあり得るだろう．

　実際，タイの伝統的民間薬をもとにして開発された胃潰瘍の新薬がある．タイでプラウノイという名で販売されている生薬に抗潰瘍作用があることが昔から知られていた．プラウノイという植物はトウダイグサ科クロトン属の一種である．この種の葉から抽出されたエキスが胃潰瘍に効果があると知られたが，有効成分は未知のジテルペン系の化合物であることが突き止められた．プラウノイの起源植物には複数の言い伝えがあったが，そのうちのひとつ，クロトン属の一種には有効と判明した成分が含まれていることが確かめられた．そこで，この種の変異がていねいに検討され，いろいろな変異型のうちから成分含量の多い系統が選抜され，その系統が半島部のある場所で栽培され，やがて薬品製造の工業化に成功した．

第17講

食用作物と園芸

キーワード：穀類　嗜好食品　主食　潜在遺伝子資源　蔬菜　副食

　地球上に生きている植物は，現に認知されている種数が約25万種，実際には30万〜50万種と推定されている．そのうち，現在人に利用されている種はせいぜい数百種である．人に利用されている植物のうち，この講では食用になるものを取り上げる．

　植物の利用といえば，何といっても食物になることである．食物は，主食，副食物，嗜好品と多様である．生きていく上で最低限のエネルギーの補充は主食でまかなわれるが，豊かになるにつれて，栄養のバランスを支える副食，食を豊かにする嗜好品が多様になる．

　エネルギー源は植物性の食物が主役になる．植物は葉緑素をもっており，光合成を行って基礎生産者の役割を果たしているからである．しかし，植物を直接食物とするだけでなく，動物を食べても，エネルギー源となる有機物の出発点は基礎生産者である植物（藻類を含む）にたどり着く．食用作物という言葉にはそういう広い内容が含まれているという視点で，この講を展開しよう．

食用作物の多様性

　人が利用する植物のうち，食用作物の確保は人の生存を支える最低限の課題であり，もっとも重要なものである．しかも，エネルギー源となる主食の材料が保証されることが，人の生存を維持させるものである．

　主食のうち，現在地球上でもっとも多くの人を支えているのは米らしい．とりわけ，日本人を含むアジアの人たちが米を主食としているので，中国，インドなどの膨大な人口から，米食の人たちが現在の世界でいちばん大きな勢力であるといえようか．米にはインディカ米とジャポニカ米があり，インディカ米が熱帯で広く栽培されるのに対して，ジャポニカ米は日本と韓国で常食とするほか，中国中北部や南欧，中南米でつくられる．また，常食するのはうるち米であるが，糯米(もちごめ)も広範囲に栽培されており，最近ではせんべいなどの原料に使

うべく，糯米がタイから日本へ輸入されたりもする．日本では伝統的に水利のよい谷地に水田が開発された．ところが，1960〜1970年代のいわゆる農業構造改善事業による水田の耕地整理が，人里に住む日本在来種の生き物にさまざまな脅威を与えている現実も，しばしば指摘されるとおりである．

　日本で農耕が始められた旧石器時代には，アワ，ヒエ，キビ等の穀物が栽培され，主食となっていたらしい．縄文時代の末にはイネが九州に導入された証拠があるようで，その後急速に全国に稲作が広がり，後には寒冷地に育つ品種も作出された．大和朝廷が確立した頃には米が租（税金）の材料となり，大化の改新の頃には，イネが日本の経済の基幹作物になっていた．稲作の土地所有が富の表現であり，長い間支配者の勢力を示す尺度となり，大名の勢力の大きさは江戸末まで石高で量られた．戦争中などには米の慢性的な不足が訴えられたが，すぐれた育種の成果と，栽培法の改善によって，今では生産量が消費量を上回り，稲田を休耕地とするための補助金が出される状況である．

　コムギは，西南アジアの肥沃な三日月地帯で7000年ほど前に栽培化されたというが，弥生時代には日本へも導入されていたらしい．鎌倉時代にはイネとの二毛作も成立し，コムギの作付けも定着して，麺類やまんじゅうなどの材料として使われた．最近の日本人の食生活の変化によりコムギの需要量は急速に拡大し，今ではほとんどのコムギは輸入に頼っている．

　イネ，コムギと並んで世界の3大穀物のひとつといえば，トウモロコシである．トウモロコシは，イネ，コムギと違って新世界原産で，コロンブスの新世界「発見」以後に旧世界でも普及した穀物であるし，イネ，コムギのように直接人の主食になるのではなくて，ほとんどが家畜の飼料として使われる．日本でも，未熟のものをおやつや副食として食べるが，生産量は低く，家畜の飼料として使う完熟果実はほとんどが輸入に依存している．原産地は確かめられていないが，アンデス地域などで7000年ほど前には栽培が始まっていたらしい．

園芸：蔬菜，果樹，花卉・花木

　主食の生産が保障されるのと並行して，人と植物のつきあいはもっと広範囲に展開する．主食を保障する農業と並んで，園芸や林業も発達することになった．園芸とは，食用，薬用以外の目的で植物を栽培することとされ，蔬菜園芸（第22講），果樹園芸（第24講），花卉園芸（第23講）が3つの柱とされる．

　蔬菜園芸と果樹園芸はいずれも，主食ではないにしても，食べ物の生産のための植物栽培をめざすものである．蔬菜園芸は野菜と呼ぶ草本性の食用の植物の栽培をさし，果樹園芸は果物となる主として木本性の植物の栽培をいう．野菜も果樹も，個人で栽培する零細な（半分趣味も兼ねたような）家庭園芸もあ

るが，生産園芸と呼ばれるように，大量生産をし，マーケットへの運送手段も確保して，産業として成功している園芸が，今では人の生活に欠かせないものとなっている．

　ただ園芸とだけいえば花卉園芸をさすこともあるくらい，観賞用の植物の栽培は園芸の白眉である．草本性の花を鑑賞するのが花卉栽培で，木本性で花の美しい植物は花木と呼ぶ．広義の花卉園芸には，花が咲かない観葉植物の栽培も含まれる．最近では，環境整備のための造園木の栽培も大切な課題となっており，都市緑化のための緑化植物にも注目が集まっている．

新世界の遺伝子資源

　遺伝子資源をわかりやすく理解するためには，新世界の植物がコロンブス以後どのように旧世界に伝播していったかを跡づけてみよう．

　スペインのコルドバの植物園に民俗博物館（図17.1）があり，その展示のひとつに，現在の豪華な食卓の絵があり，ボタンを押すと，その絵から新世界原産の食材が姿を消すというのがある．食卓は一転してみすぼらしくなってしまう．王者の食卓から貧民の食卓へ，というほどの転換である．試みに，今晩の自分の食卓から，新世界原産の植物を取り除いてみていただきたい．新世界原産の植物が，現在の世界の遺伝子資源としてどれだけ重要な意味をもっているか，よく理解できるはずである．

　次講で述べるトウガラシは，新世界原産である．トウガラシなしには語れない現在の韓国料理やタイ料理は，16世紀以後にかたちを整えたものである．喫煙は最近では健康に害を及ぼすといって制限されることが多い．しかし，喫煙の習慣にしたしんでいる人にとっては，一服の涼味はストレス解消のために不可欠であるという．しかし，タバコにしても，コロンブス以前には旧世界で

図 17.1　コルドバ民俗博物館

は入手できないものだった.

　トウモロコシは, イネ, コムギに次いで生産量の多い食用作物 (肉用動物の飼料としての利用も含めて) である. しかし, トウモロコシも新世界原産の植物だから, 15世紀までの旧世界に生きていた人たちのエネルギー源の求め方は, ずいぶん異なったすがただったことになる.

　バレイショは, 穀物の生産がむずかしいやせた土地ででも生産される. だから, 山間の僻地の生産性が低いところでも栽培されており, むしろ辺鄙なところで不可欠の主食となっている. バレイショの伝播の速さも驚くほど急速だったようである. 19世紀になるとヨーロッパでも主要食品となっており, 1845～1849年にアイルランドで生じたバレイショの疫病による生産の激減は, バレイショに依存していた貧民層にとりわけ大きな影響を及ぼし, 飢饉により10年の間に人口が20％減少したと記録されている.

　新世界産の植物としては, トウガラシなどの香辛料, カカオやコーヒーなどの嗜好食品のほか, タバコのような植物, コスモスなどの園芸植物と, 旧世界の文化に大きな影響を与えた植物が数多い.

有用植物と潜在遺伝子資源

　現に人に利用されている植物を, 有用植物とか経済植物という. 食用の植物についていうと, イネ, コムギ, トウモロコシの3種で全体の3分の2がまかなわれており, これに他の食用の植物を加えて上位20位までを拾い上げると全体の80％がまかなわれるという. さらに, 400種まで拡大すると現在の地球人のエネルギー源はほとんど完全にまかなわれると統計されている.

　有用植物という言い方には, エネルギー源として食用になる植物だけでなく, 園芸植物, 医療, 住居の材料になる植物, 薬用植物, 環境保全のための植物と, 数え上げればきりがない. しかし, それでも地球上の植物全部から見れば, 有用植物に数え上げられる植物は限られた範囲である. しかし, 有用植物という言い方をするとすれば, それ以外の植物は無用か, といわれかねない. 実際は無用の植物が地球上に生きているはずはない.

　人が役にたてているかどうかは人の都合である. 実際, 科学の発展が, バイオテクノロジー (第10講参照) というようになった技術を発展させるようになって, これまで有用でないと思っていた生物の遺伝子資源を有効に活用する展望が開けてきたともいえる. そのため, すべての野生生物は潜在的には遺伝子資源であるというようになった (第2講 Tea Time 参照). どのような遺伝子をどのように活用するかは, 今後の研究に委ねられている.

　もちろん, 衣食住など, 人の生活の役にたつというだけでなく, すでに述べ

たように，植物の生は人の生と直接的・間接的に不可分離の関係にあり，すべての植物は人と共有の生命系の生を生きている．このことについては，第30講であらためて考えてみることにしたい．

動物の飼料：間接的なエネルギー資源

トウモロコシは，3大穀物のひとつとされるが，人の主食になるのではなくて家畜の飼料として利用され，人は肉のかたちに変形したエネルギー源として食べる．人は雑食性であるが，米やコムギを食べて基礎生産者からエネルギー源を直接確保するものの，それだけでは満足せず，食肉を食べ，エネルギー源，タンパク源として利用する．動物は基礎生産者である植物か，植物を食べて育つ他の動物を食べて育つ．家畜の場合，飼料は植物であることが多いが，（骨粉を混合することで困った病気を持ち込んでしまったように）動物性の飼料も使うことがある．

狩猟採取の生活を引き継いで，狩猟をする習慣も一部には残っている．これは自然界で育つ野生の鳥類や獣類を食べ物として利用することであるが，家畜の食肉に比べて生産量は今では大きくはない．日本の最近の問題としては，イノシシやシカなどが一部で極端に個体数を増加させ，地域の植生にはなはだしい影響を与えていることである．小笠原諸島では，江戸末期に立ち寄ったペリー艦隊が，将来の寄港時の食料にと放獣したヤギが異常に増殖し，貴重な固有種を含む植生に決定的な影響を及ぼしていることが問題となっている．これらの野生動物，あるいは野生化した動物は狩猟の対象とされ，食用に供されるとよいのだが，日本ではハンターが極端に数を減らし，動物の急速な増殖の速度に，狩猟はとても太刀打ちできないというのが現状である．

野生の動物を食べるという点では，水産業はほとんどの部分が野生の魚介類の捕獲による．一部栽培漁業が進んでいるものの，そのほとんどは野生の魚介類の採取でまかなわれており，漁獲法の進歩にともなって，絶滅の危機に追いやられている資源動物も少なくなく，持続的な利用のための国際的な取り組みが強く期待されているところである．

===== Tea Time =====

主食と副食物，嗜好品

最低限の食料が供給されるだけの状況では，主食が準備されるだけになる．第二次世界大戦後間もない頃の調査に提げていく弁当は，大きなおにぎりで，

中に梅干しが入り，たくあんでも添えられていればご馳走だった．あるとき，開いてみれば，梅干しも入っていなければ漬け物も添えられていない，純粋のおにぎりだけの弁当だったことがあった．さすがにこれでは食べにくく，外側に塩気があるから食べられるなあ，などといいながら，それでも空腹を満たしたものだった．文化大革命直後の中国へ行ったが，研究所の食堂では，洗面器のような入れ物にライスを大盛りにして箸でつつく光景がふつうだった．

　その主食も，米，ムギ，マメとさまざまである．アジアの湿潤熱帯を中心に米を食べるが，西・中央アジアの乾燥地帯でも貴重な主食である．コムギはヨーロッパから西・南アジアにかけて主食とされるが，中国でも西部では麺がよく食べられる．中南米では，マメ類がほとんど主食のような食べ方をされるし，太平洋の島々などではタロイモなど，根菜が主要なエネルギー源となる．

　最低限のエネルギーが確保されると，さまざまな副食品で食が彩られる．肉，魚はともかくとして，植物も多様な野菜が使われる．生食のサラダ類から，煮炊きした植物も多様である．ほとんど主食のように活用されるバレイショは新世界原産であるが，ヨーロッパでも広く使われるし，アジアでも米やムギが穫れないところで栽培される．調査で中国の田舎を長期にわたって旅していたあるとき，食堂へ入った際に，同僚が何か特別に食べたいものがあるかとたずねるので，バレイショの料理があるかと聞いたら，バレイショは家庭で食べるものであって，食堂でお客に供するものではない，といわれておやおやと笑ったことがある．

　野菜も，葉菜に限らず，イモ類，茎，芽など，いろいろな部分が植物の種に応じて活用され，多様な料理の食材となる．副食品には，さらに，嗜好食品も加わる．主食を食べる際の補助的な役割をすることもあるが，嗜好食品そのものが食べ物であることもある．酒のつまみなどになると，それで独立した食品でもある．

　食事はその地域の人々にとってもっとも特徴的な風習をつくる．朝昼晩の1日3食とか，家族揃っての食事とか，どの地域でもほぼ共通の風習もあるが，食品によって食べ方の違いもある．ナイフとフォークを使うところ，箸を使うところ，直接手を使って食べるところ，などのほか，食器の種類も地域によってずいぶん違ってもいる．食材による違いは，気候，地形などの自然条件に左右されたものだろうが，地域の文化の特性も食のあり方によってずいぶん影響されていることだろう．ところが，最近になって，物資の運搬が容易になり，食材も地球規模で動かされている．オーストラリア産のコムギでつくったパンを主食に，南太平洋産のマグロ，中国産の葉菜，太平洋の島から運ばれたカボチャ，などを材料に，アメリカ産のダイズからつくった醤油や味噌で味付けされた副食，嗜好品をいただく，というのは一体どこの国の食生活なのだろう．

第18講

嗜好品の採集と栽培

キーワード：エスニック料理　香辛料　嗜好食品　食の多様化　調理

　エスニック料理が世界的に関心を集めている．日本でも，第二次世界大戦直後は，食事は飢えをしのぐためのもので，最低限のエネルギーが確保されれば満足していた．しかし今では生活は安定してたいへん豊かになり，豊富な食料資源の供給が確保されるようになったので，食事には高度で多様な味が追究されるようになってきた．日本国内ではグルメの話題が贅沢に展開し，世界の各地ではエスニック料理のレストランが多くの客を集めている．

　お腹が十分満たされると，さらなる美味へ関心を寄せる．もっとも，個性的な美味の追究に冴えを見せるのは特定の人だけで，うまいと定評のある店に人が群がる傾向はますます強くなっている．メディアの報道に振り回される日本人の現実は，ここでも典型的に表れている．もちろん，需要に応じて多様な料理が供給され，料理にはそれぞれにふさわしい趣向が込められるはずであるが，需要そのものが計画的につくり出される現状では，歴史的に自分の舌にあわせて多様な嗜好品をつくってきたのとは逆に，味への志向が単純化する兆しも見え始めている．

調理の起源

　狩猟採取の生活を過ごしていた頃の，人の先祖たちは，野生の動物たちと同じように，収穫した動植物をそのまま生食していたはずである．ヒト化の基準に，2足歩行や道具の使用と並んで，火の使用があげられる．火を使い始めたことによって，寒さに耐える条件を整え，猛獣等の敵から身を守ることができただろうが，もっと直截的な効果としては，食品の調理が可能になったことがあげられる．肉や魚を火で処理するようになって，食べられる食品の範囲は急速に範囲を拡大した．食品の調理を始めることによって，人はもうひとつの文化を創造した．

　火を使った調理を始めると，料理には油類が活用され始めた．火を使った料

理も，はじめは焼く，煮るなどの調理だっただろうが，やがて炒める調理も加わった．これには油が不可欠である．中華料理では油はラードであるが，ブタの脂が使われたのはいつ頃からだったのだろう．火を使って豚肉を調理すれば当然ながら油のうまみが出てくる．それを利用しないはずはない．料理の始まったごく初期から，脂は使われたことだっただろう．それが野菜炒めに使われたのはどういういきさつがあってかは，今から跡づけることはむずかしい話だとしても．

地中海沿岸では，昔からオリーブオイルが使われていた．火を使った調理にも，たぶんこの油は有効に利用されたことだっただろう．サラダなどにもオリーブオイルなどを十分に使うが，野菜などの生食以外では，西洋料理の多くは油を用いて調理する．そして，ナタネ油，ゴマ油などの油脂類は，調理に重要な要素を育てることになった．

はじめは祭祀に使われていたらしい酒類（第19講参照）も，やがて宴席には不可欠となり，宮廷や庶民の宴，ギリシャで開かれたシンポジウムなどでも，酒は雰囲気をつくる重要な素材となった．

食品を調理し，調味料を使い始めることで，食生活はさらに豊かになった．味などの内容が豊かになったのと並行して，利用できる食材が豊富になり，食料の安定供給に寄与することになった．主食，副食に加えて，人の食生活を豊かにすることになった調味料の起源と発展の歴史はどんなものだったか．

調　味　料

調味料の類は，食料品としての主食，副食の範疇には入らない．調味料といえば，食料品の味わいを高めるため，塩辛い，酸っぱい，甘い，苦い，辛いの5味に対応するようにつくられたものである．

5味のうち，苦みはビールのホップやカクテルに使うビターなどのほか，味付けにはあまり多用されることはない．また，辛さは味付けというより，香辛料としての意味があり，これは個別に取り上げられる方がわかりやすいだろう．

塩辛さは塩の味であるが，塩は植物には関係がない．もっとも，食品としての植物の味を整えるためには塩辛さは決定的な意味をもつ．塩単独でも使われるが，醤油，味噌などの調味料には不可欠の味である．醤油，味噌など，ダイズを原料とする醱酵調味料は東アジアではよく使われるが，ヨーロッパではそれに相当するものはない．ダイズの有無のほか，食材とその調理の仕方が大きく異なっていたからだろう．和食や中華料理には味噌，醤油は不可欠の食品である．醤油は江戸時代に入って急速に普及してきたと記録されるが，刺身が広

く食べられるようになったのも，ウナギ（の蒲焼き）が好まれるようになったのも，醤油の普及とかかわりがある．醤油が世界ブランドとなった第二次世界大戦以後，刺身や寿司も世界ブランドになった．和食が日本人以外にも好まれるようになるためには，醤油の地球規模での普及が基盤になっている．

さらに，塩は食品の貯蔵にとっても不可欠の材料である．漬け物類は塩と植物の関係性を生かした貯蔵食品の調理法である．魚介類についても，塩乾物の製法が進歩することによって貯蔵が確かになり，長距離輸送も可能となった．海に取り囲まれているといいながら，山間僻地への交通がむずかしかった日本列島でも，鯖街道を経て京都へ塩サバが運ばれたように，食品の流通は容易に，安全になった．

酸っぱさは酢，ビネガーが主流で，マヨネーズ，ドレッシングなどもあるが，レモンをはじめ多様な柑橘類がそのまま酸味をつけるために食前に供される．

甘さは砂糖に依存する．サトウキビやサトウカエデが原料である．ほかに，蜂蜜も大切な原料であるが，これも花の蜜腺からミツバチが集めてきたものである．植物と昆虫の共進化の副産物を人が横取りして活用している．もっとも，甘みについても，人工甘味料の占める割合が大きくなっている．

香　辛　料

今ではスパイスといった方がわかりやすい．強い香りや辛みがうたい文句のエスニック料理には不可欠の調味料である．

大航海の時代，探検家たちは好奇心と探究心に促されて各地へ航海に繰り出したとされるが，彼らのうちには，良質のコショウを安定して大量に入手する方策を見いだし，大儲けを企む世俗的な欲求も強かった．コロンブスも，西へ向かってまっすぐ進めばコショウの産地インドへ行けるという期待を込めて出航した．その結果，たどり着いた西インド諸島を見て，インドへ着いたと思い込んだのだった．

コショウ（胡椒）　インド原産のコショウ科のつる性植物の果実である．シルクロードを通じてインドから中国へもたらされたので，「胡（ペルシャなど西域諸国のこと）の山椒」と呼ばれた．ヨーロッパにも古く伝えられ，古代ローマでは貴重で高価な香辛料で，売買される価格は同量の銀に匹敵する値段だったという．

日本でもすでに8世紀の記録に残っているように，古くに渡来しており，はじめは薬として使われた．江戸の初めにはうどんにコショウを振っていたという．

サンショウ（山椒）　ミカン科の落葉低木の果実である（図18.1(a)）．熟し

た果実を粉末にしたものがサンショウで，蒲焼き，焼き鳥をはじめ，そばにも振りかける．四川料理で「麻」というのはサンショウで，サンショウの粉を黒いほど振りかけた麻婆豆腐は舌を麻痺させるほどの辛さである．サンショウは，粉山椒だけでなく，若芽は木の芽と呼んで木の芽味噌，木の芽田楽に使うほか，そうめんなどの薬味に好まれる．実山椒の佃煮も京都北山などの名産である．

　トウガラシ（唐辛子）　現在の韓国料理やタイ料理には欠かすことのできないスパイスである．しかし，これは新世界原産の植物であり，コロンブス以前には韓国でもタイでも手に入らなかった植物である．15世紀以前の韓国料理やタイ料理は，今のすがた，味とはずいぶん違ったものだったはずである．キムチのない韓国料理，トムヤムのないタイ料理など，今では考えられない話だが．

　トウガラシは，ナス科の一年草の果実である（図18.1(b)）．袋状の果実にカ

図 18.1　香辛料
(a) サンショウ，(b) トウガラシ，(c) ワサビ，(d) ショウガ科のミョウガ（布施静香撮影）．

プサイシンという辛み成分があり，タカノツメのように猛烈に辛いものから，ピーマンのようにほとんど辛くないものまで，辛さも多様な品種が作出されている．四川料理に虎皮炒というトウガラシ料理があるが，地元で食べると，ほとんど辛くないものから食べた後何時間か口の中が燃える感じが続くほど辛いものまで個体差がある．果実だけでなく，葉を煮たものも好まれる．日本へは16世紀末，豊臣秀吉の朝鮮出兵の際に伝えられたという．

　七味唐辛子は，トウガラシにゴマ，サンショウ，ケシの実，アサの実，ナタネ，陳皮（ユズの皮）を加えたもので，17世紀中葉に発売されてから今日まで製造されている．うどんの薬味として珍重されるほか，食膳に多用される．

　ワサビ（山葵）　アブラナ科の多年生植物の根茎である（図18.1(c)）．日本特産で，日本でだけ使われてきたスパイス．根茎をすり下ろして寿司，刺身，そばの薬味とする．古く『延喜式』に各地から宮廷に献上された記録があり，今では静岡県が主産地．根茎だけでなく，茎や葉は浸し物にしたり，ワサビ漬けにする．すり下ろしたものを塗布して神経痛，リュウマチの薬とする．

　辛子，マスタード　アブラナ科の多年草のカラシナの種子を粉末にしたものである．中央アジア原産のカラシナは，中国では2000年前には栽培されていた記録があり，日本へもずいぶん古く入ったと推定される．香辛料として利用されるだけでなく，全草が漬け物の材料になる．種子は生薬名は芥子で，この湿布を局所に貼ると消炎作用があり，神経痛，気管支炎に効用がある．

　野菜として栽培する品種がいろいろと作出されているが，搾菜は根茎を使った中国料理の食材，またセイヨウカラシナはマスタードの原材料となる．

　ニンニク　ユリ科の多年草の鱗茎である．西アジア原産で，前漢以前に西域から中国へ伝来，日本でもすでに『古事記』や『万葉集』に記述がある．古代エジプトでピラミッド建造の労働者に食べさせた記録もある．刻んだり，すり下ろしたりして香辛料とするが，肉料理によく用いられる．餃子その他，中華料理にも多用される．生薬名は大蒜で，健胃，発汗，便秘，整腸，強壮などの効用があるとされる．臭気が強く，強精作用があることから，仏教ではニラ，ネギ，ショウガ，ラッキョウと並んで5辛のひとつに数えられ，食べることが禁じられていた．もっとも，ギョウジャニンニクは同じ属の野草で，大峰山などの行者が食べたことからこの名がついた．過激な行の期間中に，体力をつける強壮効果を期待したに違いない．

　ショウガ　熱帯アジア原産とされるショウガ科の多年草で，根茎を香辛料とする．日本で薬味に利用されるミョウガ（図18.1(d)）もこの仲間である．中国では紀元前500年くらいの『春秋』に記録があり，日本でも平安朝には栽培されていたと『延喜式』に記載されている．香味野菜としてそのまま佃煮状

に煮たり，そばの薬味，ソースの調味料，ジンジャーエールの材料，菓子類などに使う．日本では梅干しといっしょにシソの液に漬けた紅ショウガは寿司のよい連れである．葉付きショウガは生食もされる．生薬名は乾姜で，健胃，食欲増進，新陳代謝の促進に使われるが，風邪のひきはじめにはショウガ湯が効き，気管支炎にはおろしショウガの湿布を胸部にあてるとよい．

シナモン（肉桂） 古代ローマでは，コショウと並んで珍重された香辛料である．セイロンニッケイとも呼ばれ，クスノキ科の熱帯性常緑樹．その樹皮をはいで乾燥したものが肉桂である．スパイスとして利用されるほか，薬用にも使われ，駄菓子などに入れて芳香が賞味される．

カレー インド料理といえばカレーである．インドに発し，中近東，東南アジアで広く使われ，今では世界中に普及しているカレーは，ここまで述べてきたような単一の植物種による香辛料ではなくて，さまざまな原料をブレンドした複合香辛料である．独特の黄色い色はサフラン，ウコン（ターメリック）によるが，その他，フェンネル（茴香ウイキョウ），コエンドロ（コリアンダー，パクチー，香草，香菜），クローブ（丁字），シナモン（肉桂），カルダモン，ナツメグ（肉ずく）や，辛み成分としてはコショウ，トウガラシ，粒芥子（マスタード），ショウガ（ジンジャー）など，カレーに実際使われる植物種は100を超えると数えられる．

日本へも明治初期に導入され，独特のカレーライスは福神漬，ラッキョウを薬味に供され，夏目漱石の『三四郎』では1皿60銭と高価なものだったが，今では家庭料理の筆頭になっている．カレーは西洋料理にも広く取り入れられるようになっており，日本でもカレーうどん，カレーそばにまで愛用されている．

嗜好食品

それ自体お腹を膨らませるものではないが，調味料，香辛料とも違う食品がある．それらをひっくるめて，嗜好食品ということがある．広義では酒（第19講参照）やタバコもこの類たぐいである．

飲み物は，太古は水だけだったのだろうが，文明の発達にともない，お茶の類が広く利用されるようになった．チャ（図18.2(a)）はアジアで広く栽培され，緑茶，紅茶などを産出する．コーヒー（同図(b)）はアフリカ原産で，今では世界中で標準的な嗜好飲料である．中南米原産のカカオ（同図(c)）の実を処理して，チョコレートをつくったり，ココアと呼ぶ飲料をつくったりする．

最近では，飲み物といえば，さまざまな果実のジュースが活用される．オレンジジュースをはじめ，ブドウ，リンゴ，その他さまざまな果実から，あるい

図 18.2 嗜好食品
(a) チャ（インドネシア・プンチャリ峠でのとり入れ），(b) コーヒー（花），(c) カカオ．

はそれらを混ぜ合わせたミックスジュースも愛好される．水も，ミネラルを加えたミネラルウォーターが広く好まれ，無機物の補給にも利用される．

　嗜好食品といえば，菓子類も広い意味ではここに分類されるだろう．まんじゅう類，かつて駄菓子と呼ばれたもの，西欧風ではケーキ類から，最近ではスナック菓子と呼ばれるものである．これらの嗜好食品を産出するのに，植物が材料としてどのように活用されているか，ここで詳述する紙幅の余裕はない．

食の多様化と文明の多様性

　文化を創り出した基盤が言語であるという解釈から，文明の多様性が言語の多様化と重ねて語られることがある．漢語の系列とインド・アーリアの系列はどこまで異なっているか．漢語の文法と異なった日本語は，どこまで漢語と違っているか．そのことは，文化の違いにどう反映されているか，等々である．

　民族による文化の違いが，動物としての根源的な要求である食の文化の違い

とどうかかわってきたを追跡することが，もうひとつの課題である．同じ東アジアのモンゴロイドの国とはいっても，和食は韓国料理とも，中華料理ともずいぶん異なっている．しかし，ここで注意すべきことは，現在の各国料理はいつ頃からこのかたちを整えてきたかをしっかり理解する必要がある点である．韓国料理にトウガラシは不可欠であるが，トウガラシが韓国へもたらされたのは少なくとも16世紀以後のことである．トウガラシ以前の韓国料理はどんなかたちであったか，それと当時の日本人の食事が比較される必要がある．上代における日本人の食事はどのようなものだったか，それが明らかにされ，当時の中国や韓国の食事と比較されてはじめて食の類似と差異をたどることが可能となる．

　日本では調味料の醤油が食文化に大きな影響を与えた．醤油が一般に普及したのは江戸時代に入ってからであり，日本料理が今のようなかたちに整ってきたのもそれ以後のこととみなされる．醤油が固有で特徴的だったために，日本料理はほかに例を見ない特異なかたちになっていたが，ダイズの生産が追いつかなくなり，醤油をアメリカやシンガポールで生産するようになってから，このよさが国際的に知られるようになり，寿司や刺身が国際的にも広く好まれるようになった．キムチ巻きやアボカドの寿司など，日本では考えられない日本料理が育つことになったのである．

　食の多様性は，さらに内容を分解して，食材と調理法の多様性，食器の多様性，それに食習慣の多様性とそれぞれ別個に考えられるべきかもしれない．これらについて，文化人類学上の知見はさまざまに集積されている．

　食材について，日本では動物性タンパク質は主として魚から得ていたが，良質の植物性タンパク質を豆腐や，湯葉，納豆などから摂っていた．いずれにしても，植物起源の食材が有効に利用されてき，精進料理のような見事なベジタリアンの料理を発達させた．食器類のうちで，箸は中国，韓国でも普及しているが，中国では象牙など，韓国では金属製が主流で，木製，タケ製にこだわったのは日本の特徴である．箸は中国でも大衆には木製が使われてきたようで，現代でも田舎の薄汚い食堂では，木製の箸が無造作に置かれている．ちょっと前の日本の大衆食堂と同じである．家庭でも，象牙の箸は高級品らしい．最近，日本風の割り箸が急速に地方でも普及しているのは，衛生管理への関心が深いということだろう．

================================ Tea Time ================================

宗教と植物

　人が知的活動を始めたとき，神秘さに惹かれて宗教的感動をもよおしたと推定される．それは美しいものへの感動，不思議なものへの好奇心と並んで始まったものだったろう．

　信仰は個人的なものであるはずだが，宗教的な活動は，ごく初期から集団として醸し出され，宗派を形成して演出されたものらしい．政治さえもが，宗教的な儀礼とかかわったものだったことは，歴史で学ぶとおりである．

　宗教的な儀式には，植物が何らかのかたちでかかわる．仏教でいえば，釈迦はボダイジュ（菩提樹：正確にはインドボダイジュ）の下で結跏趺坐して悟りを得，ハスの台（蓮台）に乗る．死者を弔う際には白い花で埋め尽くし，墓にはシキミを供える．釈迦が成道したのも沙羅双樹のもとであるとされ，聖なる樹は仏教ともかかわる．

　聖なる樹は仏教に限らず，あらゆる宗派に関係している．旧約聖書の「創世記」によると，「知識の木」の実を食べたことで目が開け，自分たちが裸であることを知り，恥じたアダムとイブはイチジクの葉で前を覆ったという．食べた木の実は何だったか書かれていないが，西欧の多くの絵ではリンゴということになっている．イチジクと考証されることもある．イチジクは西欧では豊穣の実とされた（ところで，日本では実のなる木は庭には植えないという慣わしがあり，イチジクは花が咲かない木だから子宝を妨げるといわれたりした．洋の東西で，同じ木について正反対の言い伝えができている）．ギリシャではオリーブが聖樹とされ，ケルト人たちはオーク（カシの木）に聖なる印を見ようとした．

　日本古来の神道でも榊はあらゆる神事にかかわる．神社についていえば，日本では小さい祠まで含めて，社は鎮守の杜に護られてきたことを思い出したい（社と杜の同一性を考えてみたい）．日本列島は元来森林に覆われていた．狩猟採取の生活型から農耕生活への転換が生じたのは新石器時代のはじまりとされるが，2000数百年前のその頃，ネコの額ほどの平地と水利のよい谷地は伐り開かれて耕地のある人里と変貌した．しかし，自然のすがたを消したその場所に，私たちの先祖たちは神の祠を設け，かならず奥山の依り代としての鎮守の杜をつくった．これは日本列島のあらゆるところに見られる景観であり，人里の大きさにかかわらず，小さい集落にもかならずそれなりの大きさでつくられている．森は植物の集団であり，日本人の宗教心は植物と共に育ってきた．しかも，まっすぐに伸びるスギが喜ばれ，しばしば人のこころに感動を与える巨樹，巨木が維持されてきた．天然記念物となるほどの巨樹はたいてい社寺林に残されている．伊勢神宮の20年ごとの遷宮式は1300年前から伝わる伝統行事

であるが，木曾の奥山でヒノキの大木を選択，伐採，搬出する行事から始まる．

　未開地域の宗教儀式には呪術とかシャーマニズムと呼ばれる形態があるが，巫女やシャーマンは神懸かりの状態に入り，人の力を超える能力をもつことで，病んだ人の身体やこころを癒すことができる．この際，神懸かりに入るきっかけに，感覚を麻痺させるはたらきを期待して幻覚植物（第20講 Tea Time 参照）の助けを借りる例が珍しくない．

　『古事記』に登場するアメノウズメノミコトはヒカゲノカズラをまとって踊ったとされるが，ネパールで，仏教の祭事にくぐる大きな環がヒカゲノカズラでつくられているのを見たことがある．節分にイワシの頭をヒイラギの枝に通すように，さまざまの宗教行事に植物がかかわる例は限りなく多い．

第19講

文化，酒，植物と人

キーワード：禁酒　酒　サル酒　醸造　文化

　酒を飲まない民族はないといわれる（人の文化が進んでから，禁酒を求める宗教とか法律が現れたのはずっと後の話である）．サル酒という呼び名があるように，人がつくらなくても自然醸酵でアルコールを含んだ天然の酒がつくられることもある．ヒトは自然が醸し出したアルコール入りの液に，いつから手を出したのだろう．さまざまな酒は民族や自然の背景に従って多元的に生み出されたが，すべての民族が酒を求め，多様な酒を創り出した．もっとも，その結果アルコール依存症など，酒に溺れる人たちまでつくり出し，酒のもたらす麻酔作用に対する用心からか，イスラム教のように飲酒を禁じる大宗派もある．禁酒法がつくられているところもあるし，健康上の理由から未成年には飲酒が禁じられるのが原則である．

　植物と人とのかかわりのうち，酒という特別の飲み物を通じての関係性は，きわめて特徴的なもののひとつである．

酒 の 起 源

　自然醸酵でできた液体を味わったのが酒の利用のはじまりであることは，ほぼ間違いないだろう．サル酒は，木のウロなどに溜まった果実が自然醸酵してアルコールを含んだ液になったものであるが，サルがそれを飲んで酩酊するというのではないらしい．いつの頃か，それに手を出したヒトがアルコールによって気分が高揚し，祭祀を主宰するような儀式につながるかたちで飲酒を始めたというのが，どうやら飲酒のはじまりだったようである．だから，飲酒は，宗教などにまつわるヒトに固有の文化のひとつらしい．

　サル酒があるように，果実などは成熟して糖分が豊かになったところへアルコール醸酵をする微生物が取り付くと醸酵し，アルコールを含んだ液を生み出す．ヒト以外の動物たちはこの液に魅せられることはない．ヒトも，飲食物としてサル酒に関心をもったのではないだろう．文化が創り出され，宗教儀礼な

どを生み出したとき，他の麻酔作用と同様に，サル酒などに促された気分の高揚が利用されたのだろうか．

はじめは自然醱酵していたサル酒を飲んだのだろうが，その経験が自分たちで酒を造ろうという行為に育ったのだろう．そして，ブドウを酒に育てた地域，ヤシ酒などの樹液酒を生み出した地域，日本酒の醸造を始めた私たちの先祖たち，それぞれに素材とその糖化，醱酵を試行し，好みの酒を生み出した．

酒の起源については，それぞれの文化にともなって伝説がつくられている．旧約聖書では，ノアの洪水の後，ブドウをたくましく育てた話があるし，日本では木花咲耶姫（このはなさくやひめ）が狭名田（さなだ）のイネで天甜酒（あまのたむさけ）を造ったといい，エジプトでは紀元前3000年頃にはビールを醸造していたが，これは五穀の神オシリスの教えによると信じていた．しかし，いうまでもなく，これらはいずれも後につくられた伝説であり，実際の醸造，飲酒の歴史ではなかっただろう．

サル酒など自然醱酵したアルコール飲料の摂取が飲酒のはじまりだったとすれば，酒の始源型は醸造酒だったのだろう．ブドウ酒などの果実酒がはじまりだったのだろうが，酒を醸すという言い方からいえば，嚙み酒（口嚼酒）もはじめの頃の醸造酒の一型であろう．口嚼酒は太平洋域だけのものではなくて，ビールの醱酵素はオーディン神の唾液であるとする北ヨーロッパの神話からみても，口嚼によるビールの醸造もあったと推定される．日本では塩で歯を清めた未婚の乙女たちが，蒸した米と，水を十分吸わせた生米を嚙んで壺に吐き溜め，数日間醱酵させて酒がつくり出された．

飲用目的の蒸留酒が大量生産されるようになったのは14〜16世紀の頃であり，その頃から，規格化された酒が一般にまで出回るようになった．

酒の多様性

酒とひとくちにいっても，内容はきわめて多様である．酒の起源が多元的であったことも，その理由のひとつである．ただし，日本でも，現在では酒は税収の大きな部分を占めるので，酒税法によって酒の種類が規定されてもいる．ビールに似た発泡酒が造られ，さらに「第3のビール」が考えられたりするのも，酒税法の枠をどう抜け出すかの競争のようなものである．

酒類は，製造法で醸造酒と蒸留酒に二大別され，それから派出した混成酒がある．

醸造酒は原料をアルコール醱酵させたもの，またはその上澄みをとるか，ろ過してつくった酒の総称である．果実を醱酵させた果実酒（ブドウ酒，リンゴ酒など），麦芽，ホップ，水を原料とするビール，米を原料とし，米麴を加え

て醱酵させ，ろ過した清酒などである．

　酒税法で雑酒に分類されるものの内容は，さらに多様である．麦麹を原料に用いる中国の紹興酒や韓国のマッカリ，家畜の乳を醱酵させた乳酒（馬乳酒，ケフィールなど）も醸造酒である．日本では造られないが，ヤシ酒などの樹液酒も，熱帯地方では村ごとに特徴的な醸造が行われている．日本でも，酒税が必要でなかった昔は濁酒が地域ごとに生産されていたのだろう．酒を飲む習慣ができてからは，酒を造る技法も世界中に伝播し，それぞれの地域に特徴的な地酒が育ってきた．

　蒸留酒は醸造して造った醱酵液（もろみ）やそのろ液，ろ過残渣（酒粕）を蒸留した酒の総称である．日本では焼酎がその代表格で，ほかにウイスキー類，スピリッツ類がある．ウイスキー類にはウイスキー，バーボン，ブランデーなどが含まれ，スピリッツ類といえば茅台酒(マオタイ)，テキーラ，ラム，ジン，ウオッカなどが列挙される．

　混成酒は醸造酒，蒸留酒を材料にし，香料，生薬，色素などを付加して造ったもので，再製酒ともいわれる．日本のみりんや白酒，東洋の薬酒，西欧のリキュール酒類などがあげられる．

醸造と生き物

　醸造酒を造るための材料としては，原材料も醱酵を助ける微生物等も，きわめて多様である．

　原料としては，果実酒の王者ブドウがある．ブドウの栽培は西アジアに始まり，ヨーロッパ各地に広まった．その後，アメリカ大陸でも別の種が栽培され，オーストラリアやニュージーランドでも盛んに栽培されている．栽培の歴史が長いように，品種の作出も継続的に行われてきた．メンデルの遺伝の法則の発見のきっかけに，ブドウの品種改良への夢があったことも，科学の進展を招く社会の要請の強さを見ることである．

　穀物を原料とした酒を醸し出すためには，原料のデンプンを糖分に変える過程を必要とするので，糖化という技術の確立が必要だった．麹や麦芽が有効に活用されて穀物酒も大量生産できるようになったが，歴史の初めには口嚼酒などが経験的に編み出された製法だった．穀物酒が精選できるようになり，酒の原料はさらに多様になった．また，糖化のための麹など，醱酵にかかわる微生物も多様になってきた．

　樹液酒の原料はヤシに限らず，地域によって多様である．ヤシ酒には熱帯アジアでココヤシを原料とするトディ，アフリカでアブラヤシを原料とするエームなどが代表格である．乳酒もまたさまざまな家畜の乳から造られる．カフカ

ス山脈のケフィールはウマ，ヒツジ，ヤギ，ウシなどの乳にケフィールグレインという植物種子を加えて醗酵させたものであり，中央アジアのステップ遊牧民に飲まれるクミズは馬乳を革袋に入れて醗酵させた馬乳酒である．古代中国の杜甫にも馬乳酒を詠んだ詩がある．

　蒸留酒もアルコール醗酵した酒を蒸留するものだから，蒸留酒の多様さを生かしたものである．アメリカ大陸ではトウモロコシも使われるし，コムギは酒造のためにも多様な品種が作出されている．

　焼酎というくくりでまとめられる蒸留酒にも，酒税法上では，甲類（ホワイトリカー）と乙類（本格焼酎）がある．甲類はアルコール含有物を蒸留したもので，乙類は米，コムギ，イモなどのデンプン質原料に麹を加えて醗酵させた液を蒸留したものである．原料となるデンプン質含有物は多様であるし，それを醗酵させる微生物もさまざまである．もちろん，麦焼酎が広く愛好者をつくっているが，芋焼酎ファンも根強い勢力であるし，米焼酎や泡盛でないと飲めないという人もある．

　アルコール醗酵や糖化の酵素には微生物がかかわるが，微生物の多様性については次講で詳述する．

=========== Tea Time ===========

植物と酒

　酒の原料はもっぱら植物である．その意味では，植物の利用には，酒としての利用も大切な部分を占める．

　ブドウ酒はブドウを醸造してつくり，ブドウ酒や他の果実酒を蒸留すればブランデーが得られる．ビールはビールムギから，ウイスキーもムギから，バーボンウイスキーはトウモロコシから，日本酒や老酒は米から，焼酎は米，ムギ，イモからなどというのは常識的な例である．ヤシの多い熱帯ではヤシ酒が部落ごとにつくられるし，キャッサバ（マニオク）やそのデンプンであるタピオカからつくられる酒もある．メキシコでプルケと呼ばれる酒はリュウゼツラン（アガベ）の樹液から醸される．

　材料が植物であるだけでなく，酒を醸造するためには醗酵に携わる微生物が必須である．醸すという言葉は，もともと材料の果実や穀物を口で噛んでは吐き出し，口の中に含まれていた微生物がはたらいて醗酵することによって酒が得られることを意味していた．今でもシャーマニズムとの関連などで噛み酒をつくるところもあるが，ほとんどは精選された微生物が使われ，醸造が行われる．

酒を造るための微生物は酵母（＝イースト）と総称される．日本酒はコウジカビと呼ばれる子嚢菌を用いて醸造する．コウジカビの菌糸は無色で長い柄の先端に黄色の分生子（＝胞子）をつける．米を蒸してコウジカビを繁殖させ，分生子がついて黄色くなったものを麹花という．酒ではないが，ダイズとコムギにコウジカビを繁殖させて醤油をつくるし，味噌はダイズを原料とする．

第20講

微生物と資源

キーワード：カルチャーコレクション　菌類　バクテリア　醗酵　有用微生物

　菌類や原核生物など，界の階級の分類群を横断して呼ぶ微生物という呼び名は便利でよく使われるが，現行の分類体系でいうと，菌類や原核生物は植物ではない．しかし，原核生物のうちでもシアノバクテリアは藍藻類として植物と一緒に扱われることが多いように，本シリーズでは，微生物も動物以外の生物とひっくるめて取り扱っている．ここでも，人が利用する植物の書に1講を設けて言及することにする．

　ここでいう微生物は，原核生物であるバクテリア（シアノバクテリアを含む），真菌類，それに広義では現生生物に分類される偽菌類なども含めることになる．動物以外で葉緑体をもたない生物の総称である．

微生物と人の関係

　原核生物はもっとも原始的だといわれるが，逆に自らを万物の霊長と呼ぶ人も，バクテリアのひとつである大腸菌と共生しないと生きていけない．微生物と人の関係は，植物一般と人との関係のように，直接的・間接的に相互に深い関係性をもちあっているものである．

　微生物と人の関係のうち，もっとも関心が深いのは，病気にかかわるものである．病原菌に原因のある感染症は，細菌学の進歩を促すもとになったものであり，実際，感染症についての研究は進歩が著しく，今では感染症のほとんどは恐れる必要がないといわれるまでになっている（私自身も，海外へのフィールドワークで恙虫病を持って帰ったことがあるが，そうと診断されてからは，絵に描いたように見事に治療していただけた）．ただし，大腸菌O157や鳥インフルエンザの人への感染の問題がそうであるように，これからもどのような新しい病原菌がもたらされるかは不透明である．感染症に対しては素早い対応が求められるところである．

病気は人の問題だけではない．ペットの病気もあるし，家畜や栽培植物にも病気がある．鳥インフルエンザのように，家禽の病気とはいいながら人にも感染する病気が猛威を振るうことがある．この感染症は，人から人に感染する変異型が生じたらたいへん危険であるということから，動向にはきわめて慎重な観察がなされている．喫緊の対応策はできているとはいうものの，実態はまだ知られていないことも少なくないこのような感染症は数多い．栽培植物の病気は，植物病理学などで，昔から検討が加えられている．穀物の病気は，食料生産に大きな影響を与えることがあり，防除と治療に最大の努力が払われてきた．寄主に与える害には程度に差があるものの，寄生性の菌類の生活はおおむね病気の原因になるものといってもよい．バレイショはコロンブス以後急速に旧世界に広まり，ヨーロッパでもアイルランドをはじめ，やせた土地でも収穫できることから貧しい人たちの間に普及した．19世紀中葉に発生した疫病がアイルランドのバレイショの生産に大打撃を与え，住民を飢餓に追いやった記録は，栽培品種への疫病の伝染のおそろしさを人々に強く印象づけた事件だった．

　微生物の呼吸は，原則的には無気呼吸である．無機的な呼吸を醱酵という．微生物の醱酵と人とのかかわりも少なくない．醱酵を利用した生産に醸造がある．酒類は微生物のアルコール醱酵を人に都合よく利用した産物である．原料のデンプンによって醱酵する微生物は異なっており，日本酒はサッカロミセス・オリザエによる．

　醸造といえば，醱酵は味噌や醬油などの製造にも不可欠の過程である．うまい味噌や醬油には微生物がかかわっているのである．味噌や醬油はダイズを原料とするが，秋田のショッツルは魚を醱酵させて造る調味料で，これはタイ料理に不可欠のナンプラ（タイ語でナンは水でプラは魚，魚醤という呼び名と同義である）と同類である．

　フナ寿司はフナを米に合わせて醱酵させたものだし，カブラ寿司もカブに魚を挟んで醱酵させたものである．納豆はダイズを醱酵させた食品で，漬け物は米糠の中に野菜などを漬け込んで醱酵させたものであるが，キムチなど，材料そのものは野菜でも，動物性タンパク質の醱酵を不可欠とする漬け物もある．

　腐敗は微生物の醱酵によって生じる現象である．醸造も有機物が醱酵によって変質することを利用するのだから腐敗を利用しているようなものであるが，有用な食品が腐敗してダメになるという現象も，微生物と人との負の関係のひとつだろう．もちろん，蛇足にはなるが，腐敗という現象がなければ有機物の分解はなく，自然界で生物の死体が清掃されることがない．微生物というより

菌類の分解者としてのはたらきは，自然界の物質循環の大切な要素なのである．植物を生産者，動物を消費者というのと同列で，菌類を分解者と位置づけ（図20.1），地球上の生物界の役割を認識したことが，ホイタッカーの5界説を成立させるきっかけとなった．

微生物の多様性

微生物と総称される生物の分類体系の詳細は，本シリーズの先行書『植物と菌類30講』（岩槻，2005）を参照していただきたい．ここで，人と直接的な関係の深い種をめぐって，簡単に整理しておこう．

広義にいえば，微生物は原核生物，菌類と，原生生物とくくられる生物のうちの，いわゆる偽菌類と合わせた動物以外の従属栄養生物の総称である．

原核生物はいわゆるバクテリアであるが，分類体系でいえば，生物界を古細菌，真正細菌，真核生物の3つのドメインに分けるうちの2つのドメインにわたっている．真正細菌がいわゆるバクテリアの類で，病原菌もあれば有用バクテリアもあり，人と共生する大腸菌なども含まれる．枯草菌など，分解作用が自然界の清掃に有用というものもある．有害菌，有用菌については研究が比較的よくできているが，人畜に無害とされるバクテリアについては，どのようなバクテリアが現に地球上に生きているかさえ，まだ十分研究されてはいない．

古細菌は，高熱細菌や高圧細菌など最近になって研究が進んでいる生物群であるが，ごく最近まで研究対象ともなっていなかったくらい，人には有効に利

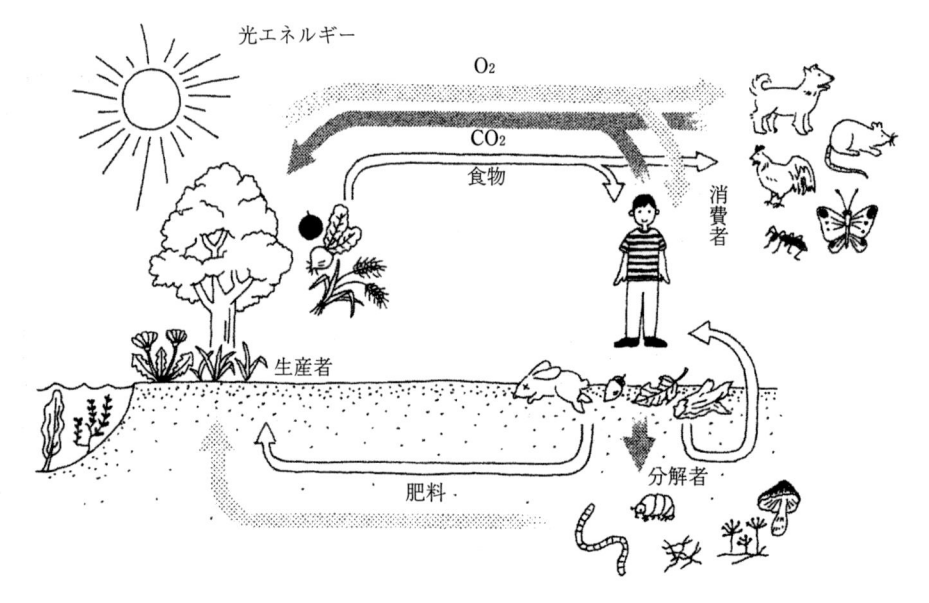

図20.1　自然界における生産者，消費者，分解者（岩槻，2002aより）

用はされてこなかった生物群である．有用でも有害でもないことから，系統上大切な位置を占めているにもかかわらず，研究が行われてこなかったのである．しかし，潜在遺伝子資源として，今後有効に利用される可能性がないというわけではない．

　菌類（真菌類）には，接合菌類，子嚢菌類，担子菌類，地衣類などが含まれる．

　接合菌類は，ケカビやハエカビなどで，分解者として目覚ましい活躍をする．クモノスカビの一種は，煮たダイズを醗酵させてバナナの葉で包んだテンペと呼ばれるインドネシアの食品をつくる際にはたらく．

　子嚢菌類には，カビの多くが含まれる．イーストなどの酵母菌や，植物の病原菌になっているものが多い．食べられるものとしては，世界の3大食味のひとつにあげられるトリュフもこの類である．

　担子菌類には，キノコの多くが含まれる．マツタケ，シイタケ，ショウロなど食用のキノコ，サビキン，クロボキンのように植物の病原菌となるものがある．毒キノコも多数知られている．毒ではあるが，幻覚症状を起こすシビレタケ類は伝統的に宗教行事に利用されてきた（Tea Time 参照）し，バッカクキンから分離されるLSDが服用されてサイケデリックな芸術活動の励起に使われる．

　真菌類のうち，生殖器官が見つかっていないものを不完全菌類と総称する．アオカビはチーズに合い，またペニシリンがつくられる．日本酒や味噌，醤油の醸造に使われるコウジカビなど有用菌のほか，イネのイネ熱病菌，ムギのムギ類赤カビ病菌，トウモロコシのトウモロコシ赤斑病菌，それにカイコの白疆病菌などのおそろしい菌類は，生殖器官が見つからない不完全菌類である．

　地衣類は，菌類と藻類の共生体であるが，意外に有用なものが多い．リトマスゴケはpHの測定に使われた．食用のイワタケや温帯で樹木からぶら下がるサルオガセなどは，日本では亜高山帯などに広く分布し，よく知られている．共生体が厳しい環境に対する抵抗性をつくるのか，高山や極地などでも比較的旺盛に生育する．一方，ウメノキゴケやキゴケなどは，かつては村落だけではなく，大都市でもごくふつうに見られたが，田舎にまで道路が延び，車の往来が激しくなってからは極端に少なくなった．車の排気ガスには弱く，環境の指標に使われるくらいである．

　偽菌類とひとまとめにされる生物のうちには，変形菌類（粘菌類），細胞性粘菌類，卵菌類，サカゲツボカビ類，ラビリンツラ菌類などがあるが，多くの群は人の生活にあまり関係があるものではない．

微生物研究の現状

　哺乳類，鳥類などの脊椎動物，維管束植物などと比べると，微生物の研究は遅れている．微生物の研究は主としてその有用性（有害性も含めて）とのかかわりで研究されてきた．バクテリアの研究などその典型で，有用，有害なバクテリアについては，医学，農学，工学など，これまで応用科学と呼ばれていた分野で詳細に研究されてきた．微生物学といえば，医学の対象だったり，醸造学や農芸化学などは農学の「分野」を形成していたのである．しかし，直接的な生産とのかかわりで現象を追い，有用性，有害性を究めているだけでは，そのものの有用性，有害性の本質に迫るわけにはいかない．今では，応用科学と基礎科学の差がなくなっているといわれるように，現象の本質を知ることが結局は現象の活用につながることがよく理解されることになる．

　微生物の多様性の研究も，哺乳類や維管束植物ほどとはいかないまでも，最近になってずいぶん推進されている．最近の研究の進展が目覚ましい生物群の典型的な例が，古細菌の研究だろう．

資源としての微生物の可能性

　地球上に生きている生物は，現に人に利用されていないものもすべて潜在遺伝子資源として将来の利用の可能性を秘めていると述べた（第2講参照）．生き物を，人の役にたつかたたないかという面だけから評価するのは科学的な態度ではないが，しかし，人にとっては（生き物だけでなく）すべてのものが人とのかかわりで考察の対象となるというのもひとつの真実である．

　地球上に生きている生物は，すべてが相互に関係しあったひとつの生命系をつくっているが，生命系の要素のひとつひとつの役割まで含めてその実体を知ることによって，生命系の生を知ることができる．ヒトを知るためには，総体としてのヒトを漠然と見るのではなくて，ひとつひとつの細胞とその集合体（組織や器官）が，その有用性を含めて，実体は何であるかを解析することが必要であるのと同じである．生命系の生を解析する立場では，有用であったり有害であったりする人との関係性だけでなく，生命系の構成要素としての個々の生物の生き方が知られる必要があり，生命系の生についての知見を深めることは，生き物のうち人にとって有用なものの活用や有害なものの排除をより科学的に進める根拠を得るものである．

　しかし，短期的には微生物の研究がなぜ必要かを理解してもらうために，微生物はどれだけ人にとって大切な生物であるかを強調することになる．そこで有用な微生物や有害な微生物についての知見が深められ，それによって微生物

一般についてよりよく知られることになるのである．20世紀後半の生物学は，大腸菌をモデル生物とする分子遺伝学の知見の増大によって，大きな進歩を遂げることができた．この場合，大腸菌の有用性が取り上げられたわけではないが，生物学の発展のためには，モデル生物による解析と，多様な生物の異同を知る研究とが上手に組み合わされることが肝要である．

　菌類については，どこにどのような種が生育しているかの基礎的な情報についてもまだまだ知見が遅れている．名前がつき，識別が可能になっている種についても，備えている諸形質についての情報ははなはだしく不足している．それでいて，遺伝子資源としての可能性が大きいというのだから，資源の開発の研究の促進が期待されてもいる．資源としての可能性の発掘のために，微生物の研究の推進が図られるところであるが，多様な種についての基盤的な情報整備からの積み上げが必要だとすると，まず標本類の完備が期待される．ただし，微生物の場合には，維管束植物のように乾燥標本にしたのでは，形質を備えた標本としての価値があるものは少ない．また，一度記録されたからといって，その種を採取するために，同じ場所へ行けばいいというものでもない．そこで，生きた材料を培養して保持しておく必要がきわめて高いということになる．微生物の研究者にとっては，形質や所在情報などの基盤整備と同様に，生きた材料の培養株の維持が期待されるのである．これを，カルチャーコレクションと呼び，最近では資源開発競争の一環として整備が進められており，技術的にも高度の技能が求められるようになっている．

―――――― Tea Time ――――――

幻覚生物

　科学や美術と並んで，人に固有の知的活動として，宗教があげられる．宗教は，基本的には深い哲理によって人の生き方を指導するものであるが，今でも，特定の宗教思想の公布のために，人々の理性を埋没させる行為が重ねられることもある．未開の社会では，病気平癒の祈願などで呪術が用いられ，そのために人を酔わせるナルコティックスが使われて，シャーマニズムの成立とかかわってくる．人の感覚を麻痺させ，夢幻の境地をさまようことによって，救いが得られると感じ取っているのである．

　人々に頭を垂れさせるだけの力を示すために，組織の指導者がさまざまな演技をするのは，シャーマニズムの世界ではごくふつうのことである．広い意味ではタイマやアヘンなどの麻薬もその一型かもしれないが，人に幻覚作用を与えるナルコスティックスが利用されるのも宗教的演技のひとつであり，特に菌

類が使われることが多いので，その材料は幻覚性菌類などと呼ばれる．

　インド最古の文献に『リグ・ヴェーダ』があるが，この中にソーマと呼ぶ飲み物がある．この飲み物は植物からとられるものとされるが，原料についてはマオウ属植物（裸子植物のひとつで，エフェドリンを含む），タイマ，菌類のベニテングダケといろいろの説がある．中南米では宗教儀式に使われる菌類が多様で，「聖なるキノコ」と呼ばれるものは，ハラタケ科シビレタケ属のキノコであることが確かめられている．サボテンの仲間のペヨーテも，著名な幻覚植物のひとつである．

　人と植物のかかわりは多様であるが，知的な生物であるがために，精神を麻痺させる植物を必要とするというのは皮肉な現実かもしれない．しかし，シャーマンたちが幻覚状況下で特異な絵を描いたりするように，最近では幻覚植物の助けを借りて絵画や音楽を創造する芸術運動も現れている．

第21講

園芸の起源

キーワード：園芸　花卉　果樹　家庭園芸　花木　環境創成
　　　　　　生産園芸　造園木（緑化木）　蔬菜（野菜）

　生き物はすべて身の周りの他の生き物とかかわりあいをもちながら進化してきたし，現に地球上に生きている他の生き物と直接的・間接的にかかわりあいをもちながら生きている．餌として，住居の材料として，さらに身を守る環境の要素として，かかわりの深い生き物の種を認識し，共に生きる仲間，あるいは敵として識別し，意識する．しかし，地球に生きる生き物のうち，かかわりの深い植物のうちのあるものを，自分の生活に役だつように馴化・栽培し，自分たちのために自在に利用するのは人だけである．園芸はその意味で，農林業と並んで，人だけが演じる典型的な文化活動のひとつである．

園芸の成り立ち

　主食となる穀物などの食用の植物や薬用植物，林木以外の植物の栽培をひっくるめて園芸と呼ぶ．言い直せば，果樹，野菜，花卉・花木（観賞用植物）を栽培する行為で，対象ごとに，果樹園芸，蔬菜園芸（野菜園芸），花卉園芸などと細分する．林業は園芸には含めないので，別の言い方をすれば，園芸は人里で栽培する主食用，薬用以外の植物の栽培の総称である．

　果樹園芸，蔬菜園芸は副食品，嗜好食品の生産を目的とし，花卉園芸は住居の周辺を飾り，美しい花にこころの癒しを求めるものであって，目的はずいぶん異なってはいるが，植物の栽培という意味で共通の行為と考えられる．園芸植物は，野生植物を馴化し，優良品種を育成し，栽培されている植物を運搬，移動させ，さらに品種を改良することによって作出，育成される．最近では花卉園芸としては特殊化した分野であるが，環境緑化のための造園木，緑化木の栽培も生活必需品になり，経済的にも重要な部分を占めるようになっている．開発した場所の環境保全のために，変貌させた場所にふさわしい緑があらためて必要となるのである．実際，光合成の結果，分子状酸素を放出する酸素発生

型光合成をする生物の存在（真核生物の進化の後は主勢力は植物）は，すべての生き物にとって，長い進化の歴史を通じて不可欠のものだった．

　園芸という言葉は，horticultureの訳語として明治の初めに造語されたものであり，語源はラテン語のhortus（庭）+ cultura（栽培，耕作）の意である．園芸のうちには，産物を販売して経済活動として行うもの（生産園芸）と，個人の趣味として行う趣味園芸，家庭園芸がある．

　園芸は，植物を栽培することであるが，ヒト以外の生物は意識して植物を栽培することはないので，園芸は人に固有の行為であるといえる．ヒト以外でも，シロアリは巣に菌類を育成して食べ物の消化を容易にするという．しかしこれなどむしろシロアリと菌類の共生というべきで，相互関係をもちあいながら進化してきた関係性に生存を支えられているのであって，シロアリが意識して一方的に菌類を選別し，巣の周辺で栽培している行動ではない．また，動物たちが集めた餌の植物から種子が巣の周辺に散乱し，やがて発芽する例も珍しくはないが，これも意識して播種し，植物の育成を図るという行為ではない．少なくとも，栽培用に植物を馴化したり，品種の育成をしたり，さらに栽培法を確立したりすることは知られていない．だから，園芸はすぐれて人に固有の行為であることは間違いないようである．

園芸の歴史

　縄文時代の日本に園芸と呼ばれるほどの植物栽培が行われていたかどうか，確かな証拠はない．縄文前期の鳥浜貝塚（福井県）からヒョウタンやリョクトウが出土しているが，これなどもっとも古い園芸植物の記録である．文字の記録が残される記紀の時代，万葉の時代になると，導入された外来植物，選択育種された栽培植物などの記述がふつうにあり，この頃には園芸がより広い範囲の生活活動のひとつとなっていた．もっとも，その頃の園芸はまだ趣味園芸，家庭園芸の範囲を出ないもので，生産園芸の範疇に入るものは未発達であった．

　日本の園芸の歴史としては，江戸時代における育種技術の高さが目立っており，動物で尾長鶏や出目金（金魚）などが育種されたのと同じように，多様な園芸植物が作出されていた．江戸時代における日本の育種の繁栄は，庶民にいたるまで植物と文化のかかわりが浸透してきた日本の実情が反映されたものでもあったのだろう．明治時代以後には果樹，野菜など，外国から導入されたものに品種改良が加えられ，また昭和時代には細胞遺伝学の手法を用いた科学的な育種の最先端技術も活用された．最近ではバイオテクノロジーを援用した品種改良にも力が注がれている．日本の育種の技術は，とりわけ江戸時代以後，常に世界をリードする成果をあげ続けている．

中国へは，紀元前2世紀の頃には，西域からシルクロードを通って野菜類，果樹類が導入されたらしい．中国原産の植物の馴化とあわせて，植物の栽培化は早くから進められていたと考えられている．6世紀半ば成立と考証される『斉民要術』には，現在中国で栽培される多くの果樹，野菜が記されており，栽培法，利用などにも論が及んでいる．接ぎ木の技術もすでに確立していたことがうかがえる．

古代エジプトの遺構に残る絵画では，貴族の邸宅にはナツメヤシなどの植物が栽培されていたことが描かれている．花卉園芸が発展して，文化としての園芸が進んできたともいえるだろう．しかし，ルネッサンスの頃になると，宮廷に外国から導入された園芸植物が栽培され，いわゆる宮廷園芸が隆盛をきわめた．新品種の開発も進み，ブドウ，アンズ，モモなどの果樹生産で，新技術の導入もあって収穫をあげることができた．

一方，花卉園芸は投機的な発展を呼び，世界各国と盛んに通商を行っていたオランダでは，トルコからヨーロッパを横断してチューリップがもたらされた．17世紀前半にはチューリップの品種改良には激しい競争が見られた．大デュマが『黒いチューリップ』を著し，軍艦1隻を建造する費用をかけてチューリップの新品種作出をねらっている，と皮肉ったくらい，チューリッポマニア（チューリップ狂い）という現象が見られることになった．チューリップの新品種作出はやがて投機の対象となって狂乱相場を生み出し，ついに投機禁止令が出るまでの騒ぎをもたらした．

ヨーロッパ，特に北欧の花卉園芸の発達は目覚ましい．1970年代にヨーロッパを訪ねた際には，イギリスやオランダで園芸店をのぞくのは楽しい経験だった．そこには世界の各地からもたらされた植物が馴化され，園芸品種に変貌して並べられていた．しかし，世紀があらたまった頃には，日本の園芸店の方がはるかに多様な植物を揃えるようになってき，ヨーロッパの園芸店をのぞく楽しみはなくなってしまった．今では日本の園芸店には，世界各地から導入される植物のほかに，日本の野草を馴化したものも並べられる．世界一の花卉園芸植物の市場といえるかもしれない．果樹園芸，野菜園芸についても，日本における品種育成，栽培の技術は，世界に冠たるものとなっているといって過言ではないだろう．

資源の広がり

美しいから，嗜好品だからといって身の周りに置く花卉園芸用の植物，花卉や花木の栽培は，活動のエネルギー源確保のための農作物，健康を損ねた場合に助けを求めるための薬用植物としての栽培など，実利的な目的の栽培とは多

少異なった面がある．ただし，花卉園芸植物も，今では経済的な実利を得ることのできる経済植物，有用植物という点では食用や薬用の植物と共通の性質をもつ．花卉園芸植物の占める経済価値は，今ではその巨大マーケットによって無視できない広がりを示している．最近では花卉園芸用の植物の種（亜種，変種も含めて）は1万を超えると数えられる．主として，一・二年草，多年草（宿根草），球根植物，花木などと分類されるが，ほかに観葉植物，多肉植物，温室植物，斑入り植物，多肉植物，盆栽類，高山植物，山野草，室内植物，などと特性に応じた呼び名が使われることもある．

花卉園芸のうちに，20世紀後半以後，生産園芸が発展した．「生活に緑や花を」というキャッチフレーズにあわせ，都市緑化のための需要も増大し，鉢物，切り花を大量に生産することを目的に，優良品種の種苗を生産し，ビニールハウスなども用い，栽培土壌やビニール鉢，発泡スチロール箱なども改良し，水耕栽培なども大規模に取り入れられるようになった．生産園芸の発展は種苗園芸の展開を促し，ミスト法などの挿し木，メリクローン法によるクローン増殖などの手法も活用され，ビニールなどの材料の利用により，苗木の移動容器の開発も進んだ．

木本植物の園芸を花木園芸と一括して呼ぶが，花木，植木，庭木，緑化木など，それぞれ少しずつ異なったニュアンスで語られる．取り扱う業者も，以前は植木屋，庭師だったが，最近では育苗の専門家と造園の専門家は分業化し，それぞれの技術が専業化して発達している．

生産園芸といえば，果樹，蔬菜の栽培も大規模に行われる．集荷，出荷の組織化を含め，個人が生産するものも地域ごとに一括して消費地へ輸送する手順も整ってきた．生産園芸については取引についての方式が確立する必要があったが，現在では取引は国際的な輸入，輸出にも大規模に依存するようになっている．かつてバナナはフィリピンからといっていたように，オレンジはカリフォルニアから，カボチャはニュージーランドから，などと生産方式が組織的に進められているのである．

農業や薬用の植物栽培に比べると，園芸植物は生活形が多様で，栽培される種数もどんどん増えている．主食と違って，副食物や嗜好品は多様な木の実に対応する必要がある．それにあわせて多様な材料を作出していると，育成だけでなく，開花・結実させたり，病虫害を防いだりする方策も多様になり，すべての園芸植物を一様に管理することは困難となっている．嗜好品に対する欲求はますます深まり，美に対する憧憬もさらに広がっていくことだろうから，人間に幅広く，限りなく深い歓びを与えると期待される園芸植物は，ますます多様化するに違いない．

Tea Time

環境創成

　造園という分野は園芸から発展分化したものと説明される．園芸のうち花卉・花木の栽培が生産園芸として巨大化し，果樹園芸，蔬菜園芸が別分野として展開してくると，都市環境，住環境の整備には花卉・花木だけでは不足する部分が目立ってきた．人が開発し，人家などを密集させた都市には，公園など，新たな様式の緑地を必要とするようになってきた．日本では，村落を発達させても，奥山の依り代としての鎮守の森を置くのが常識となっていたが，平地を片端から開発して農地などに転換してきた欧米の開発の後にはあらためて緑化が必要となってきたのである．広大な国土のうちには森林を確保する必要が認識され，都市開発には，それにともなう造園が求められた．ヨーロッパでいえば，ウィーンの森やシュバルツバルト（黒い森）が整備され，保全されたし，都市には公園が整備された．同じ公園でも，フランス式庭園とイギリス式庭園には差異も目立ってきた．そして，そのために，造園木，緑化木などが作出され，育苗が産業として発達した．戦後の日本で，都市域の拡大が見られたとき，新しい造成地などにはハナミズキなどの造園木が多用されたが，これは生産園芸として造園木の育成が企業化されていたアメリカなどから造園木の苗木を輸入するのが安価で容易だったからである．かつては首都圏の並木にはイチョウ（図21.1），プラタナス，クスノキの順で樹木が使われていたが，今ではハナミズキがイチョウに次いで第2位に食い込んでいると集計される．

　緑の豊かさにかけては地球上でももっとも恵まれている日本列島でも，戦後の国土の開発は，景観を変貌させるという意味ですさまじかった．西欧的な，自然征服の思考法に従って開発された国土で，むき出しになった場所を緊急に緑でカバーするために，適当な造園木が得られないという現実にも直面した．開発が活性化した初期，私がまだ子どもだった頃だから1950年代だっただろうか，伐り開いた場所に緑のペイントを吹き付けたというような笑い話のようなことさえ現実に行われていた．今では，開発された場所を直ちに緑化することは常識となっている．しかし，そこで利用する緑化木に関して，むずかしい外来種問題が生じてもいる．緑化の必要性は欧米で先行したこともあって，緑化木の育種はアメリカなどで進んでいた．だから，日本でも問題が生じたときには，早速にアメリカなどから緑化植物（緑化にふさわしいシナダレスズメガヤ（図21.2）などの草本も含めて）が導入された．ところが，これらの緑化植物は植えたところだけに育つものではない．強い種は種子を散布し，子株を周辺に広げ，育て上げる．それらの導入種が，在来種の生態系を攪乱し，場合によっては在来種と交雑して遺伝子に混乱をもたらしている．しかし，現存植生に深刻な問題を生じていても，すぐに代替種が見つからない場合には，外来種

図 21.1　東大植物園のイチョウ
この木から100年以上前に裸子植物ではじめての精子が観察された．

図 21.2　シナダレスズメガヤ（福田泰二撮影）

　だからといって排除するのもむずかしい．だから，法に基づいて危険な外来種の指定が始まってからも，危険とわかっていてもリストにあげられない植物種が指摘される．輸入が止まったら，むき出しになった場所を緊急に緑でカバーする手立てが失われ，目前の災害に対する対応ができないのである．だから，代替植物の馴化，育成が完成するまで，孫子の代につけを残すことを認識しながら，危険な外来植物を植え付け続けることになる．早急に，日本の在来種などをもとにした緑化木の馴化，育種が図られるべきであり，実際そのような努力がなされてはいるが，すぐに成果が出るというものでもない．先で問題になることが見えているのに，科学の示唆するかたちでは今日の対応ができないというきびしい課題である．

　自然保護から環境創成へと思考回路の転換を必要とするとき，言葉の上での標語を振り回すだけでなく，それを実行するためにどのような基盤が整備されるべきか，30年，50年後を見通した施策の確立が緊急に求められる．

第22講

野草から園芸植物へ

キーワード： 育種　栽培植物　蔬菜園芸　品種の育成　野生植物

　戦後の混乱が終わり，人々の生活が落ち着いて，やがて活発に宅地の造成が始まった頃，新しい住宅地にハナミズキが植えられることが多かった．この造園木はアメリカから導入されたハイカラな木だというので，新しい造成地の見せかけをよくするための宣伝にも効果的に使われた．一方，その頃，ハナミズキ近縁の在来種ヤマボウシが並木に使われることはなかった．世紀があらたまる頃から，栽培のヤマボウシがあちこちで見かけられるようになった．人によっては葉が展開する前に花が咲くハナミズキのけばけばしい咲き方より，苞の先端まですっきりと白いヤマボウシの清楚さが好まれる．しかし，ごく最近まで，日本の在来種であるヤマボウシは，人間臭い場所にふつうに植えられるほど栽培条件に応じた馴化ができないでいた．それに対して，造園木として開発されていたアメリカ原産のハナミズキは安くて大量に手に入ったのである．ハナミズキがもてはやされた頃，この木の英名がドッグツリーで，樹皮を煎じてイヌの皮膚病の治療に使ったという話はあまり紹介されなかった．日本でハイカラな面だけが強調された木は，原産地ではイヌの介癬病みの治療薬として親しまれていたものだった．

野生植物の栽培

　花卉園芸を別とすれば，植物の栽培のはじまりとしては果樹や野菜の例を考えることになる．果樹については第24講でまとめて述べるので，この講では蔬菜園芸のはじまりが何であったかを考えてみよう．
　狩猟採取の生活をしていた人たちが，定住し，農耕牧畜を始めたのは，野生の生物だけに頼らずに，自分で必要とする生物の飼育・栽培を始めるためだった．もちろん，ある日突然栽培を始めたというようなものではなく，採取して食用にしていたものの種子がこぼれて住居近くに生えてきたものを育て，利用したようなことがあっただろうし，選んでいた特定の種について，よりすぐれ

た品質の変異型に出会った際には，その変異型を注意深く採取するようなこともあっただろう．野生のものは持ち帰ってもすぐに身の周りで栽培できるというものではなかっただろうから，栽培についてさまざまな試みも行ったに違いない．そういう試行錯誤を繰り返しながら，やがていくつかの種を栽培することに成功しただろう．だから，野生種を食用作物，園芸植物として栽培するためには，有用な植物の種を選択し，そのうちからすぐれた変異型を選び出し，住居の周辺などに栽培できるように馴化し，さらに栽培化したものを伝達することも始め，そのような行動の成果を集成して，農耕牧畜という生活形を確立するにいたったものだろう．コロンブスの新大陸「発見」から，新世界産の栽培植物が世界中のずいぶん辺鄙なところまで伝播した速度を思い出してみると，石器時代に植物の栽培を始めた人の文化の伝播も結構速かったと推定してもよさそうである．

　ここで考察の対象とするものについていう蔬菜と野菜は，厳密にいうと少し違った表現である．蔬菜は食べられる菜の意味であるし，野菜は野生の菜ということである．しかしここでは同じ意味で使わせていただく．野菜は，その字面とは関係なく，今では食用のために栽培する草本，と定義される．もっとも，この定義で内容がきっちり整理できるわけではない．

　野菜の内容を分類すると，葉菜（キャベツ，ホウレンソウ，レタス等），根菜（ダイコン，カブ，ニンジン等），果菜（トマト，キュウリ，カボチャ等）があり，茎菜（アスパラガス等）や花菜（カリフラワー等）は葉菜に分類することもある．ただし，トウモロコシ，バレイショのように，利用目的によって食用作物としたり野菜とみなしたりする例もあり，イチゴやスイカのように，果物として利用するけれども，草本だから野菜に含めるというものもある．

　肉食の狩猟民は新鮮な肉を食べており，生野菜を食べるようになったのは新しいことらしい．イヌイット（エスキモー）などは今でも野菜はほとんど食べない．欧米や日本のように，肉とサラダをいっしょに食べるのはむしろ最近になって定着した食生活である．また，東南アジア，中南米の人たちの野菜の1人あたりの消費量は日本人の5分の1くらいであるらしい．

　世界での野菜の年間生産量は3億5000万tを超えるが，いちばん多いのはトマトで，これは生食だけでなく調味料，ジュースなど加工用が多い．

　野菜の起源は採取して食べていた草本をしだいに栽培するようになったものだろう．いつからということなく，採取していた野生植物を身近に置くようになり，それからすぐれた品種の選抜を行ったり，すぐれた栽培品種を他地域から導入したりしたものだろう．

　日本では飯，酒といっしょに食べるおかず（副食）を「ナ」と呼んだが，こ

図 22.1　ダイコン

れは青菜のナと魚のナを共通に呼んだものである．

　春の七草のうち，セリ，ナズナ，ゴギョウ，ハコベラ（ハコベ），ホトケノザの5種は野生植物だったといえるが，スズナ（カブ），スズシロ（ダイコン：図22.1）は，その頃すでに野菜として栽培していた外来種である．若菜を摘みに春の野に出た人々は，栽培されていた野菜かその逸出品を採取したものだろう．ちなみに，スズナは地中海沿岸から西アジアにかけての自生種であり，スズシロはコーカサス南部からイスラエルなどにかけて自生していた種である．

　春の七草は食品としての草本（＝野菜）であったが，そのうち栽培品種は2つだけだった．上代にとどまらず，日本人は今でも山菜にしたしむ（私も子どもの頃にはワラビやゼンマイ，ヤマブキなどの採取をしたものだった）．山菜は自然の産物であり，山菜の利用法は狩猟採取のライフスタイルに従ったものである．現代にいたるまで山菜を利用し，愛好する日本人の生活には，農耕地である人里のバックヤードとしての里山を活用し，自然となじみながら循環型のライフスタイルを営んできたこころが，そのまま生かされている．

花卉園芸のはじまり

　野草の栽培を趣味とする人は少なくない．日本人にその傾向が強く，野草栽培は日本人の性質をよく表す行動のひとつである．日本だけでない，アジアの国々では，片田舎の民家にでも，近くの山から採ってきた植物が栽培されている．園芸を業とするためではなくて，純粋に自分が美しさを楽しむ家庭園芸の枠である．

　西欧でも，外国から持ち帰った珍しい植物を栽培しておき，晩餐の招待を受けたときなどに最高の手みやげとして提げているのを見たことがある．しかし，これは野生種の栽培に価値を置くというよりは，珍奇な植物として喜ばれるのだろう．西欧では，庭園には，野生植物を栽培するよりは，園芸品種で飾り付ける方が一般的である．最近日本でも流行しているイギリス風のガーデ

ニングは，園芸植物を主体とした庭づくりである（gardeningという言葉は園芸のhorticultureと同じ意味で使われることがある）．日本人はもともと自然の中に生きていて花や緑の美を鑑賞してきたから，ごく最近まで，園芸植物として洗練された花や木だけでなく，野草の素朴さを大事にし，愛してきた．ガーデニングがもてはやされるようになり，育成された栽培品種が小さな庭に満載されるようになったのは，20世紀も末になってからでなかったか．

新しく造成されたニュータウンや，高級住宅地などで，きれいに飾られた庭を外からちょっとのぞかせていただくのも楽しい．しかし，古くからの露地の奥や，辺鄙な田舎の民家に，崩れかけた鉢やプランターに育てられているひなびた野草にもまた奥ゆかしい美しさがある．野草へのしたしみは，自然の恩恵に感謝し続けてきた日本人のこころの原点にある美意識のようにも思われる．

しかし，野草に惹かれる美意識も多様である．野草栽培のベテランのうち，テンナンショウ（図22.2(a)）やカンアオイ（同図(b)）の仲間の栽培に熱中する人たちがある．決して万人向きの花ではない．豪華とか華美とかいう表現にはおよそなじまない．しかし，凝り始めた人にとっては，これらの花々が惹きつけて止まない個性をもっているらしい．同じことが，エビネ（図22.3(a)）やセッコク（同図(b)）などの野生のランにもいえそうである．こちらは，正常型も好まれるが，変異型への偏執は側から見ていると異常なほどである．それだけ人のこころをとらえる何かがあるのだろう．これらは，野生植物に美を見るという常識からいえば少し踏み外したものかもしれないが，日本人の野生植物志向のひとつの型であることに間違いはない．

ただし，日本人の野草栽培志向が困った現象をもたらしていることにもここで触れておく必要がある．栽培のための野草採取が，特定の種を絶滅の危機に

図 22.2　愛好家により栽培される野草
(a) テンナンショウ，(b) カンアオイ．

図 **22.3** 野生のラン
(a) エビネ，(b) セッコク（福田泰二撮影）．

追いやっている現実である．日本の野生植物の20％近くが，このまま放置すれば一途に絶滅に向かっていくと推定されている．そのうち，3分の1くらいの数の種について，危機に追いやられている原因に，過剰な採取があげられる．ほとんどが取引に使うための採取である．野草を栽培することに歓びを見る日本人のこころが，とんだところで野草の種の生存に脅威を与えているのである．野草の栽培までが経済活動と結びついてしまうために生じる自然への圧迫である．経済にかかわることではあるが，生産園芸には全く関係のない話でもある．ここでこの問題に深入りする紙幅の余裕はないが，この問題は別の文献などで関心をもっていただきたい事項である（第29講 Tea Time 参照）．

身の周りを飾る

栽培される園芸品種の多様性には，市民のさまざまな欲求が反映している．

造園木　庭園には何本かの木が不可欠である．フランス式庭園のように，同じ木が並んで植えられることもあるし，日本庭園のように何種類かの木が適当に案配される場合もある．いずれも，野生の木本をそのまま採ってきたというものではなく，栽培型に育種された造園木か，少なくとも庭園用に馴化された木が植えられる．モミジバスズカケやソメイヨシノなどのように，雑種起源で育種された造園木もある．

個人の庭に植えられる庭園木だけでなく，都市開発にともなう街路樹や公園の樹木も，基本的な造園木である．人為の影響で破壊された環境を回復し，保全するための緑化木も造園木の現在版である．人口増と人の生活の多様化にともなって，地球表層が開発されるのは必然の成り行きであるが，人が利用するために伐り開いた場所は，そのままでは災害をもたらす危険性がある．自然を

図22.4 ヨーロッパの植物園で珍重される植物
(a) 沖縄県南部に固有のヤエヤマヤシ，
(b) シュツッツガルト動植物園のランコーナー，
(c) モナコの異国植物園で目玉となっている多肉植物．

むき出しに変貌させた場所には，今ではかならず緑化木の採植が行われる．

　ヤシ，ラン，多肉植物（メッセン等）　ヨーロッパの植物園では，主として温室栽培であるが，ヤシ，ラン，メッセン等が3種の神器のように重宝されている（図22.4）．いずれもヨーロッパでは自生状態では見られない植物で，ヨーロッパの人々にとっては異国情緒をもたらすものであるし，周辺の自然とは異なった異様な感動を呼ぶ植物たちでもあるのだろう．温室でこれらの珍奇な植物を栽培することが，一般市民に植物園をアピールするよい材料だったし，今もまた植物園の客寄せの目玉になっているところが少なくない．ヤシの栽培にあわせて，温室が大型化したというのも実際の歴史だった（キュー植物園のかつての大温室はpalm house（ヤシ室）だったし，フランクフルトの植物園は植物園そのものがPalmengarten（ヤシ園）と呼ばれる）．

　シダ植物も欧米の温室などの目玉となっている．もっとも，どこでも栽培されているのは同じような顔ぶれで，温室に馴化された株が広く利用されているのだろう．ヨーロッパなどでも，特定のシダは生えてはいるものの，ごく限られた種だけで，日本のように多様なシダを欧米で見ることはできない．温室

図 22.5　アオキ

内だけでなく，パリのブーロニュの森の一画にあるバガテル公園の一角には，ヤブソテツ，ベニシダ，ホシダなど，日本のシダが数多く植えられているコーナーさえある．

　観葉植物　園芸植物といえば花と短絡する場合があるが，栽培に凝る人たちの間では葉に対する関心も深い．そこまでマニアックにならないまでも，観葉植物に対する要求も強い．園芸植物のうちに斑入りの葉などが鑑賞された歴史も古い．シュロ，ヤツデなどのほか，ベニシダ，ヒトツバ，トクサなどのシダ植物を栽培する慣わしも古くからあったようである．

　しかし，観葉植物という言い方は明治の初め頃から使われ出したもので，葉や茎を鑑賞する熱帯植物など輸入されたものの呼び名だった．今では，室内などに置く緑の植物一般をさす．植えるだけでなく，最近では吊るす栽培も増えてきた．乏しい光の中で育つ植物の育成にも努力が注がれている．

　欧米では土で固めた家の内に緑を置く習慣が古くからあり，それらを house plant と呼んできた．ゼラニウムなどから，ゴムノキ，ヤシ，アナナスなどが植えられていたが，日本原産のアオキ（図22.5），ヤツデ，ハラン，オモトなども江戸時代以後に導入されて愛好されている．

花と緑で飾る

　前節であげた日常生活での植物とのかかわりのほかに，私たちの身の周りで，花と緑が目立って尊重されるのはどういうときだろう．日常生活で，緑を維持し，美意識を堪能させてくれるだけでなく，さまざまな行事を飾るのにも，その場にふさわしい雰囲気を演出する植物が意味をもつ場合がある．

　弔事　死者の弔いに植物を用いる習慣は，人の文化の始まった早々の頃からのもののようである．古墳，墳墓から，食物としてではなく，飾りとして

用いていたらしい植物が発掘される例は珍しくはない．今も同じように，死者を送る際には花に埋めるように飾り立てる．ただし，華美な花ではなく，白や黄色が重んじられる．

　仏教にかかわりのある植物といえば，沙羅双樹である．釈迦の入滅の際，四隅に2本ずつあった樹の4本が枯れ，4本が栄えたという．インドボダイジュは釈迦が結跏趺坐して修行した際の舞台づくりの主役だった．共に今でも仏教の聖樹とされる．インドボダイジュが育たない中国や日本で，代替種が寺院に栽培され，日本でもナツツバキがよく見られる．釈迦はまたハスの葉の上に鎮座しており，蓮台は仏に不可欠の居場所である．曼珠沙華は梵語では天上に咲く花の意であるが，墓地によく生えるというのでヒガンバナの別称とされる．仏様といえば，シキミは漢字（和製）では木偏に仏と書く．仏事に欠かすことのできない植物である．

　他の宗教では特別の植物とのかかわりはあるのだろうか．イスラム教は砂漠で生まれ，育った宗教である．植物とのつながりが希薄なのか，コーランにもこれといって特徴的な植物は書かれていない．キリスト教でも，特定の植物が信仰につながることはないようだし，宗教行事に特に指定される植物もない．あっても，ブドウ酒とか，パンとか，すでに製品になってからである．自然とのつながりが希薄になっているということなのかもしれない．

　慶　事　花はまた，慶事にも彩りとなる．結婚式では，花嫁という言葉が使われるように主役は華々しい人である．当然，人も会場も花で飾られる．花嫁のブーケは花そのものであり，結婚式場も花で飾られる．パリの植物園などでは，休日に結婚式場から抜け出してきたカップルが花に囲まれて写真を撮っているような風景に出会うことも珍しくない．慶事に際して，人のこころを華やかにする雰囲気づくりに花は欠かせないものである．

　結婚式に限らず，講演会や音楽会などでも，終わって贈られるのは花束である．それくらい，人のこころを和ませる際に花はつき物となっている．各種の式典の際に，壇上に大きな鉢植え植物が置かれることがある．招かれて人を訪ねるときにも，お土産の定番は花束であり，身内の誕生日に花を贈るのもふつうの行事になっているらしい．街角には切り花をいっぱい並べる花屋さんがあり，花卉園芸は生産園芸として経済活動としても活発である．

自然との触れあいと技術の愛好

　万葉の時代には君がために春の野に草を摘みに出，平成の時代になっても七草がゆをいただき，山菜を賞味する日本人は，自然の中で育ってき，自然となじみあう人種であると本書でも反復述べている．しかも，江戸時代の日本人の

品種育成の技術のすばらしさも世界に冠たるものだろう．マツバランやイワヒバのような，華美な美しさもなく，人々の生活に直接に深いかかわりがあるというのでもない特殊な植物にさえ，たくさんの品種が識別され，つくり出されている．自然を愛好するからといって，自然をそのまま受動的に鑑賞するだけでなく，自然の中に新たな美を創出していこうという積極性もまた併存していた．

　ヨーロッパなどでは，植物の多様性が乏しいのだから，人工のものであってもよいから美しい花をつくり出したいという期待があっただろうし，外国から不思議なすがたをした異国情緒豊かな花や木を導入しようという意欲もあったのだろう．ないからこそ，新しいものをつくり出そうという姿勢が育ったという意味では，多様な植物に取り巻かれて日常を生きている日本人とは発想が違うのも当然かもしれない．

　ただし，キクやサクラソウ，ハギ，アジサイ，ツツジ，アヤメなどを多様な品種に育て上げた日本人は，自分が栽培し，鑑賞することを主目的とし，それを投機に利用するようなことはあまりやってこなかった．それに対して，チューリッポマニアをつくり出したヨーロッパでは，花もまた早くから投機の材料だった．これなど，商業に対する伝統の違いによるものだったのだろうか．日本における洗練された育種技術の展開が職人芸の錬磨の賜物だったというのは，まさに日本風だったように思われる．

　もっとも，それも江戸時代までの日本人のことで，西欧文化の影響を受けた日本では，園芸との対応も経済優先になっているようである．

第23講

花卉と人

キーワード：癒し　花卉園芸　花木　生産園芸　花

　人類のうちで，最初に花が美しいと感じた人は誰だったか．今となっては永遠に解けない謎である．すでに6万年前のネアンデルタール人が死者に花を飾ったらしいという記録があるというが，「人」はその頃から花を意識して見ていたということだろうか．この問題，最初に人と呼ばれたのは誰だったのか，という問いかけと同等の意味をさえもつ．美を意識し，不思議，神秘を感得して，人はその特性のひとつである知的活動を確立してきたからである．

　美しい花を身の周りに置きたいという欲求から始まった花卉園芸は，それ自体が自己増殖して，巨大市場をつくるほどに発展した．人々はますます美しいものへの欲求を増大させ，それに応えて業界の発展は目覚ましい．美しい花へのあこがれは，今どのように満たされつつあるのだろう．

栽培された最初の花

　花を飾る行為は古くからあっただろうが，美しい花を身の周りで育てるという行為はいつ頃から始まったか．

　ヒト以外の生物で，植物を栽培するものがあるか．偶発的に，食用や巣造りのために集めた植物の種子がこぼれ，結果として植物を育てるような事例は他の動物にも見られるだろう．しかし，ヒト以外の霊長類にも，意識して植物を播種し，育成する記録はないのではないか．だとすると，植物の栽培は人に固有の行為である．

　最初の栽培の目的が何であったか，今から跡づけることは不可能であると述べた．だから，目的別にそれぞれの栽培のはじまりを追っていくことにしよう．ここでは園芸のための栽培のはじまりを問題とする．

　最初に花を美しいと感じた人が誰だったかも特定できない歴史上のできごとであると述べた．しかし，人が文化を発達させると，花に美しさを見るのは常識となってきた．野生の花に美しさを見るのと並行して，美しい花々を身近に

置くために，花の栽培を始めた．

　花卉園芸の女王ともいうべきバラは，4000年前のクレタ島にあったクノッソス宮殿の遺跡に，この花で飾られた絵が残されているという．描かれたのが野生のものか，栽培されたものか，定かではないが，バラの花にその当時の人が注目していたことは確かなようである．さらに，2000年前まで歴史が近づくと，植物学の父と呼ばれるテオフラストスがバラについて詳細に記録する．

　これらの記録でも，バラの栽培はすでに育種された花の栽培であり，野生のものがそのまま描かれているとするには花が整いすぎているともいえる．実際には，最初に身の周りを飾るために花を栽培した人々が，すでに園芸品種を作出して栽培していたということはあり得ない．間違いなく，美しいと思った野生の花をそのまま住居の周辺に持ち込んだものだろう．現在の山草栽培に通じる行動である．

　もっとも，美しいと思って身の周りを飾るよりも，食用や薬用に栽培を始めた植物に美しさを見いだし，実用的な目的と並行して，美意識の涵養のために栽培意欲を亢進させたということもあり得ただろう．ザクロやオリーブなど，昔から栽培されていた植物は，有用植物としての意味をもってはいたが，同時にその花や実が人の美意識をそそる美しさも備えている．花卉園芸植物の祖というものではないかもしれないが，意識としては花卉園芸植物のはじまりだったかもしれない．だから，花卉園芸目的の栽培が始まったときには，他の目的の園芸植物の栽培は始まっており，すでに広く園芸品種の作出という行為が並行していたとも考えられる．しかし，そうでなくても，美しい花を身の周りに置きたい人々の欲求が，野生植物の栽培につながり，野生植物の素朴な馴化によって花卉園芸という人為的行動が達成されていたとみなす方が自然でもある．

　花卉園芸の起源という話題を日本に限定するなら，秋の七草の栽培が日本における花卉園芸のはじまりだといえば楽しい話となる．しかし，日本人は野草は野において鑑賞するというみやびをもっていた．花の咲く植物を身の周りに植えるようになったのは，住居を飾ることを始めてからのことである．さらに，住居を飾るにしても，日本の庭園は借景を重視する．野生の植物に，徹底的にしたしみを見るのである．だから，たぶん，花卉園芸も中国から輸入された方式によるのだろう．フジバカマ（図23.1）は古くから栽培されていたようである．しかし，これにしても純粋に花の美しさを鑑賞するためというよりは，香草（香りを身につけたり部屋などの匂いを消したりする植物）として身辺を整えるための材料としての意味合いの方が強かったのかもしれない．そのようにつき詰めてみると，純粋に花の美を鑑賞するための園芸のはじまりは，もっと時代を下るものなのだろうか．

図23.1 フジバカマ

美の観賞とこころ

　園芸植物の栽培は，こころの癒しのためであって，活動のエネルギー確保のためではない．だから，人々の生活にある程度の余裕がなければ，生活場所を飾るという行為は生じなかったかもしれない．しかし，このことにしても，単純にいいきれない側面があるようだ．現在でも，花々で身の周りを飾ろうとするのは生活に余裕のある富者だけではない．むしろ，山間の陋屋に，美しい花が飾られているのを見る．都会でも，小さい露地の奥まで，美しい花々が栽培されている．美しさに憧れるのは，衣食に満ち足りている人たちだけではないのである．美しさへの渇望はこころの豊かさがもたらすもので，物質的豊かさとは別である．もちろん，日々の生活に精一杯生きている人たちにとって，飾る花々は園芸店の目玉になるような豪華なものではない．美しさを見るこころは，高価な花々だけに刺激されるというわけではないのである．

　ラン展のコンペティションで首席入選する花は，確かに万人を納得させるほど美しい．しかし，はじめて花を美しいと感じた人の祖先は，現代人が作出するような豪華絢爛な花を見たわけではない．山路をたどって可憐なスミレの花にゆかしさを見るのは詩人のこころである．花卉園芸のはじまりは，だから，華美な花を追うものではなくて，素朴な野生植物に美を見いだし，それを鑑賞することでこころに豊かさを育てた人のものだっただろう．

　さらに，はじめに花を美しいと感じた頃の人々は，花に不思議さを見いだしただろうし，神秘さも見ただろう．野生の植物に見る神秘さは，自然に対する

畏敬につながっていたはずである．日々の生活に苦闘する中で，自分たちの力でどうにもならない自然界に，自分たちを庇護してほしいという願いをもっていたに違いない．人々に，何事でも解決してくれるのではないかと錯覚を与えるほどに科学技術が発達した21世紀になっても，大型台風が襲来すると，緊急避難先で，早く通り過ぎてくれと祈ることが精一杯である．人の力で自然の猛威に対してほとんど何もできなかった原始時代，人々は自然に対して静かに服従し，祈りを捧げることができただけだった．小さな花に美しさを見るこころは，その花に美しさと同時に神秘さをも見，単純に鑑賞するにとどまらず，静かに祈りを込めてもいたに違いない．

その意味では，花卉園芸のはじまりは，今の花卉栽培の繁栄と同質のものであったかどうか疑わしい．花卉園芸は純粋に植物の美を追究して発展してきた．美しさを感じるこころは人によって多様だから，花卉・花木も多様になってきた．しかし，園芸が業として成立するようになると，高価な植物が価値の高いものと信じられるようになる．山路にひっそり咲くスミレは，園芸植物としてはほとんど無価値となる．美しさを鑑賞する方法も，値段の高い花を基準として量られるようになる．

植物に見る美意識：もっと美しいものを

園芸の発展は美しい花への憧憬と，それに応じる業界の成功の物語りである．ここでは，花卉園芸で日本でもなじみになった数例によって，美しい花はどのようにつくられてきたかを見ることにしよう．

インパチエンス　ホウセンカ科ツリフネソウ属の学名のカタカナ読みであるが，園芸上はアフリカホウセンカのことをこの属名で呼ぶ．ザンジバル原産の多年草．ツリフネソウ属は熱帯から温帯にかけて500種余が知られるが，園芸上はほとんどが未利用である．種子が弾けやすいので属名は「我慢しない」の意．

カーネーション　古代ギリシャ時代に栽培が始まり，17世紀に品種改良が重ねられたナデシコ科の草本（図23.2 (a)）．19世紀になると南欧産の種をもとに，近縁種を交配させて多様な品種が作出された．観賞用だけでなく，花から精油を抽出して香水の原料とする．日本へは江戸時代にオランダから導入され，オランダセキチクと呼ばれた．

シクラメン　シリアからギリシャにかけての種をもとに育種され，18世紀にヨーロッパへ紹介されたサクラソウ科の草本（図23.2 (b)）．花のすがたから，カガリビバナ（篝火花）と呼ばれたこともある．シクラメン属は小アジアから地中海沿岸地域，ヨーロッパ中部に分布し，20種ほど知られており，い

　　　　　(a)　　　　　　　　　(b)

　　　　図 **23.2**　品種改良によりつくり出された花（福田泰二撮影）
　　　　　　(a) カーネーション，(b) シクラメン．

くつかの種が交雑されて現在の多様な型を生み出した．

　セントポーリア　　東アフリカ原産のイワタバコ科植物で，アフリカスミレと呼ばれることがあるが，スミレには関係はない．光の弱いところでもよく育つので，室内植物用に，近縁種間の交雑などにより多くの品種が作出された．茎が短いものが多く，根生葉のように見える卵形から心臓形の葉の葉腋につける花の色は多様．

　パンジー　　スミレ科スミレ属の一年草で，和名はサンシキスミレ（三色菫）．19世紀初めからイギリスで改良が始まり，基本種（*Viola tricolor*）を中心にスミレ属数種の間で交雑が繰り返された．寒いところでは多年草となる．日本へもすでに江戸時代の末にオランダ船によって導入され，胡蝶菫，遊蝶花，人面草などと呼ばれた．

　ペチュニア　　ブラジルやアルゼンチンなどに25種以上ある属は，ツクバネアサガオ属とも呼ばれるナス科の多年生草本．それらのうちから，1830年頃より異種間交配などによって栽培型が作出され，一年草も育てられた．さらに時代を下ると遺伝学の知見を応用した育種も盛んとなり，八重咲き品種の育成には日本も貢献している．

　ベゴニア　　シュウカイドウ科シュウカイドウ属の多年生草本であるが，栽培品種を呼ぶときは，属の学名のカタカナ読みでベゴニアという．野生種は熱帯を中心に2000種以上が知られるが，観賞用に馴化されたものだけでも200

種を超え，さらに種間の交雑などで多くの栽培品種が作出されている．寒さに弱いが，クリスマス用の冬咲きの系統も育てられている．

癒しを得る

　花卉園芸は豪華絢爛な花を一途に求めてきたわけではない．花の美しさは人のこころに癒しをもたらす．園芸療法の発展も現代を表現する例だろう．

　原始時代から，食料資源を栽培する農耕のはじまりに合わせて，美しい花を栽培する花卉園芸も始められたらしい．4000年前にすでに飾られた花があるというのが確かな事実であるとすれば，こころを豊かにするための花卉の栽培は相当古い時代にさかのぼることになる（それにしても，農耕の起源が1万年以上前にさかのぼるとすれば，美しいものを育てて栽培するのはずいぶん文化が定着してからになる）．もちろん，農作物と同じで，はじめの頃は野生の花をただ身の周りに植えただけだっただろう．花を観賞するということだけだったら，身の周りに馴化して栽培しなくても，野生の美しい花を摘んで，狩猟採取の形態での花の観賞もしたに違いない．花卉の栽培が進んでからもなお，山路来て何やら床し，と野生の草花の美に感動するのが人である．花卉の栽培が，花の美の認識と一致するというものではないだろう．

　農作物を栽培するようになったのと同じように，観賞用の花木もまた栽培の対象となった．人が住居の周りに庭園を設け，庭園に特別の植物を栽培するようになったのはいつ頃からだっただろうか．文字で書かれた歴史の始まる頃には，住居の周囲には庭園が設けられていたらしい．記録では宮殿など，王侯貴族の庭園に栽培されている花木が問題になるが，一般庶民の小さな家の周辺にこころに癒しをもたらす草花が栽培されていなかったと考えることはむずかしい．植物が人のこころに通じ合うのは，豪華な花々を飾るときだけでなく，こころの琴線に触れる美を演出するすべての局面であり得ることだからである．

　文化が高度に洗練されるのと並行して，栽培される花卉の質も向上した．すぐれた育種の技術が駆使され，人の身の周りに置かれる花卉園芸の植物は，見事に花開いているのである．そのための技術革新が，また，経済活動と共に急激な進歩を遂げたのは，日本では江戸時代以後のことであり，産業としても発展しているのはとりわけごく最近になってからの話であることは，次節で取り上げる話題である．

生産園芸：産業としての花卉園芸

　こころを豊かにするために栽培されるようになった園芸植物は，食べてお腹

を膨らますとか,病や傷を癒すためとかいう実利的な意味はない.しかし,こころの癒しは,ストレスに追われる現代人にとっては実利的な側面さえ強くなってきたのか,花卉園芸は今や巨額の資金を動かす経済活動を支える産業である.

生産園芸が大きく発展するのは,20世紀も後半に入ってからである.「生活に花と緑を」というキャッチフレーズや都市緑化の緊急性に促された面もあるが,生産面での技術の改良も目覚ましい.優良種苗が育てられ,ビニールハウスなどの発達で越冬を効果的に行い,栽培用土の改良,ビニールや発泡スチロールの発達によって鉢も扱いやすくなり,特定の花卉だけを専門的に扱う業者も増えてきた.

また種苗の取り扱いも,種,苗,球根類,苗木など,扱う業者の間に分業が見られ,経営も分化している.花木にはミスト法による挿し木も多用され,メリクローン法による増殖もふつうに応用されるようになっている.

══════ **Tea Time** ══════

ハイドランジア

園芸店の店先で鉢植えのアジサイを見ると,ハイドランジアと名付けられている.これはアジサイ属(図23.3)の学名のカタカナ読みである.花卉・花木のうち,外国から導入されたものには属の学名をカタカナ読みして通用してい

図 23.3 アジサイ
日本のヤマアジサイから,栽培品種のアジサイもハイドランジアも作出された.

るものが結構多いので，アジサイの仲間も全部をハイドランジアと呼ぶようになったのかと思って尋ねたら，アジサイはアジサイです，という．

　ハイドランジアの原種は，日本のヤマアジサイである．人輪で多様な栽培系統がつくられているアジサイも，同じヤマアジサイから作出された園芸品種である．18世紀に，シーボルトが他の何種もの日本の植物といっしょにアジサイもヨーロッパに持ち帰った．ヨーロッパの人々にこの花はいたく喜ばれた．そして，ヨーロッパでさまざまな園芸品種が作出された．そのうちの傑作のひとつが鉢植えにできる矮生型である．日本では，山で生えているようなすがたで庭にじか植えにして楽しんでいたが，ヨーロッパでは鉢植えにして室内に置くことが好まれた．この型は，20世紀末になって日本へ再導入された．最近では，日本でも，狭い庭に場所をとるじか植えよりも，鉢植えの方が好まれる．そこで，この型に新しい雰囲気を呼ぼうとしてか，日本のアジサイとは違う新品種だという雰囲気を醸し出すべく，イギリス風にハイドランジアという名で頒布されることになったらしい．このようにして，日本の在来種は，外国で新品種を作出し，ハイカラなすがたに変貌し，欧風の名を担って日本へ帰ってきたのである．

　ついでながら，シーボルトは園芸植物となっていたアジサイを好み，この品種の学名には，愛妾の楠本 滝（おタキさん）にちなんでotakusaという種小名をつけた．

第24講

果物と果樹

キーワード：オリーブ　　果樹園芸　　果物　　生産果樹　　ブドウ

　栽培植物といっても，食用になるもののうち，穀物など主食となる植物，野菜など副食となる植物，香辛料などに使われる植物，また，薬用，園芸用，森林などさまざまであるが，ここでは話題を果物に絞って考えてみたい．食べ物のうちで，ブドウやオリーブなど，もっとも古くから人にしたしまれているのが果樹であり，果樹園芸の起源は人の文明のはじまりの頃にさかのぼる．

採取から栽培へ

　果樹の栽培は，エジプト，メソポタミア，中国の3大文明圏で，それぞれ独立に，5000年ほど前に始まったとされる．ブドウ，イチジク，ザクロ（図24.1），ナツメヤシ，リンゴ，モモ，アンズなど，今でも栽培されている果樹が，この頃に栽培され始めたのである．

図 24.1　ザクロ

はじめは野生種から果実を採取していたのだろう．狩猟採取の生活の基盤は野生の草木から，食べられる果実や花・葉を採取したものだった．樹木から果実を採取するのは人だけでなく，野生の動物も普通にする行為である．ヒトも狩猟採取の生活をしていた頃は他の生物と同じように野生の樹木の果実を利用していた．しかし，人が農耕を始めた頃，果樹もいっしょに栽培を始めたというのでは，たぶん，なかっただろう．むしろ，意識しないままに，採取してきた果実のうちからひとつ2つが住居近くで落ちて，その辺に育ってきたというのが，果樹の栽培のはじまりだっただろうと容易に想像できる．かってに生えてきたように見える樹木から，おいしい実のなる個体を選別しているうちに，果樹と呼ばれるほどの栽培植物が作出されてきたのだろうか．野生種よりすぐれた優良品種が作出されると，それが定着し，伝播される速度はたいへん速かったと推定できる（コロンブスの新大陸「発見」以後に，資源植物が，世界のずいぶん辺鄙な隅々にまで浸透していった速さを思い起こしてみよう）．

さらに日本人は，かつて採取していた木の実を自然に残して救荒植物として保全するという知恵も発達させてきた．各地にトチノキの大木が残されているが，これなど食用に利用しなくなってからも，すぐに切り捨てないで，地域に何本かは大切に保全してきたものである．生物多様性の持続的利用の精神は，太古から生かされてきた．

おいしい果物

私たちは子どもの頃，秋になると鎮守の森などでシイの実を集めたものだった．シイの実は軽く煎って白い実を味わった．家まで持ち帰らなくても，山の斜面で仲間たちとおしゃべりをしながら，皮を剥いて白い実を生でかじったりもしたものだった．シイだけでない，ヤマモモやグミやクワ（これはカイコの餌に栽培されていたものの逸出だから，純粋の野生ではなかったが）などの実を食べて，口の中を真っ赤にしたこともあった．もちろん，栄養補給の行為ではなかったが，狩猟採取の頃の人々の行為に通じるようなことを，20世紀中葉の日本の田舎の子どもたちは楽しんでいたのである．同じような木の実を，山の動物たちも，これは生活の糧として摂取していた．野生の生活が営まれていたのである．

半世紀前でも見られたような風景が，何千年か前にも見られていたのだろう．ニホングリやトチノキは，その頃の人々の貴重な食料だった．今でも温帯域にはトチノキの大木がよく残っているが，これは飢饉のときの救荒植物として，むやみな伐採が禁じられていたのである．クリだって，かつては主食に準じて私たちの先祖の栄養源となっていた．だから，食用作物として栽培され

ていたのである．三内丸山遺跡（青森県，縄文前・中期）からは，クリの花粉が大量に出土している．クリの栽培が始まっていたことをほぼ確かに示す証拠である．もはや，野生のクリから実を収集するだけでなく，身の周りに食用作物の栽培を始めていたのである．しかし，クリの場合，稲作が定着してくると，主食は米に置き換えられ，クリはおやつとして珍重されるようになったため，食用作物の位置から果樹へと定義を移される結果を招くことになった．

ほかに日本で作出された果物といえば，カキやニホンナシがある．カキの接ぎ木がふつうに行われるようになったのは江戸時代になってからであるが，カキの栽培は万葉の時代に柿本という姓があったように，上代からのことである．ニホンナシの祖型は中国から導入されたものであるという説もあるが，日本のヤマナシから作出された可能性もある．もちろん，中国との交流は頻繁だったのだから，たとえ日本の自生型から育種したとしても，中国の型の遺伝子がいろいろなかたちで導入されただろうことは容易に推定できる．ただ，いずれにしても日本のナシの品種は特別の型に整えられており，欧米ではナシとリンゴの間の子ではないかといわれたりする（図24.2）．

国外からの新品種の導入には，日本は特に熱心だった国で，すでに上代には中国，朝鮮半島から，モモ，スモモ，ウメなどを導入していた．ウメは最初は薬用植物として植えられていたらしいし，モモは花が鑑賞された．

江戸時代には果物は水菓子と呼ばれ，菓子扱いだった．江戸の果物はナシとカキが主流で，柑橘類は江戸時代になってもまだ珍しい果物だったから，紀伊国屋文左衛門がキシュウミカンで大儲けができるくらいだった．しかしウンシュウミカンが作出されてからは，ミカンの栽培は盛んになってきた．

明治に入ってからはブドウやリンゴが導入され，日本での品種改良も進んで，日本人の果物への傾倒はいっそう深まってきた．育種の技術に卓越する

図 24.2 ナシ（花）

日本のことである．今では日本の果物屋さんの店頭は，世界のどこよりも豪華な果物の展覧場となっている．

　果樹といえば，熱帯果樹は日本で見たり食べたりするのとはちょっとまた違ったおもむきがある．熱帯果樹の王者とされるドリアンは，はじめての人のうちには強い臭気に気圧(けお)される場合もあるが，それを乗り越えると逆に虜になってしまう．女王のマンゴスチンやランブータン，マンゴーなどは熱帯果実の代表格で，ライチーは楊貴妃の好みの果物だった．パパイヤやグアバなども最近では広く知られるようになり，パイナップルやバナナは世界中どこでも気安く手に入る熱帯果樹になっている．アボカドはアメリカでは寿司の素材としても珍重される．

果樹の生産園芸

　現在，果実類は世界で年に3億tほど生産されているという．すぐにはピンと来ない数字である．果実の生産量上位5か国をあげると，アメリカ合衆国，イタリア，ブラジル，ロシア，フランスとなる．

　いちばん大量に生産されている種類はブドウで，全体の約5分の1を占め，地中海沿岸地域と北米のカリフォルニアが主産地である．もっとも，生食するのは10％程度で，大部分はブドウ酒にして飲まれる．干しブドウになるものもある．ほかに，柑橘類，バナナ，リンゴという順で，この4種類を除くと後はぐっと小規模になる．パイナップル，ナシ，オリーブなどである．

　日本ではリンゴがもっとも多かったが，今ではミカンが上をいくらしい．その他，モモ，ナシ，カキ，クリなどが多産された．カキなど，昔は家ごとに植わっており，秋には黄色が輝いていた．ほんの50年ほど前でも，秋が深まる頃にはカキの実はもぎとられ，木には残っていなかった．ところが最近では自家になるカキの実をとって食べる人が減ってきたのだろうか，都市の住宅地でも農村でも，いつまでも残っているカキの実がやがて熟して落ちてしまうまで放っておかれることさえある．スーパーに並べられた果物を味わい，自分の家の少しひなびた味では満足できないという人たちが増えたようである．これも，日本の果物の品種改良が進んだせいで，ヨーロッパなどの店先で見る果物は，日本ではくずになって捨てられてしまうような品物が少なくない．

================= Tea Time =================

ブドウとオリーブ

　ギリシャの5大農産物といえば，ムギなどの穀物，ウシやヒツジなどの家畜，甘味料としての蜂蜜，それにブドウとオリーブである．

　ブドウ（図24.3）の栽培は，8000～1万年前からとされる．シリアのダマスクスの遺跡の出土品のうちにブドウの果実の圧搾器がある．最古の記録や出土品類にもブドウやブドウ酒が出てくる．主食の穀物以外で，人が栽培した最古の植物のひとつであることは間違いない．ブドウ酒に醸造するだけでなく，生食したり，干しブドウにしてそのまま食べたり，パンや料理にアクセントをつける素材としたり，ブドウジュースも冷たい飲み物の王者のひとつである．人とのつきあいの歴史が長いからか，紋様にはヨーロッパ文化でも仏教文化とのかかわりでも多用され，ブドウ糖やブドウ球菌など，形状を示す名前にも使われる．

　日本では甲州ブドウが著名であるが，平安時代には栽培されていたらしい．中国を経てヨーロッパ種が導入されたものだろう．ブドウ酒が愛好されるようになったのは16世紀中葉に鹿児島に漂着したザビエルが持ち込んで以来とされる．

　オリーブ（図24.4）はオリーブオイルとして利用される．西欧文化の初めの日から，食用だけでなく，まさに万能の油だったらしい．シリア，メソポタミ

図24.3　ブドウ
中国の西域・カシュガル近郊の豊かな農村の庭にて．

図24.4　オリーブ
フランスのエール諸島ポルケロール島の系統保存園にて．

ア，イスラエルなどで，有史以前から栽培され，利用されていたことは確実で，だから原産地がどこかも今から特定することはむずかしい．南欧から中東にかけて，乾燥した地域でも平気で育つオリーブは，まさに貴重な栽培植物であり続けた．最初に栽培されたのがいつか，記録はない．はじめは野生の木から種子を採取していたのだろう．狩猟採取から，農耕牧畜にスムースに転換した植物に違いない．稲作が日本の土地利用のかたちを決めたように，オリーブ栽培はエジプトでの土地所有のあり方を決めることにつながった．

イエス・キリストが昇天したのはオリーブ山だったが，その麓のゲッセマネは最後の祈りを捧げた場所であり，そこには樹齢2000年のオリーブの木があるが，そのような老樹でも実を稔らせるという．

起源はよくわからないが，イギリスのキュー植物園ハーバリウムには，エジプトのファラオの墳墓から発掘されたという3000年前のオリーブの標本が所蔵されている．

第25講

森林：資源と環境

キーワード：環境　国立公園　緑　木材資源　森

　植物と人とのかかわりという言い方をすれば，森で育ってきたヒトという動物種にとって，森林は自分たちを産み，育てた母なる自然である．森林はヒトを育て，守ってくれる環境をつくっていたし，ヒトの暮らしのための資源の供給源だった．ヒトの生を維持するという観点では，森林は環境と資源との関連で，ヒトと深くかかわってきた．

　日本列島の開発は，国土の半分近くを奥山として半自然の状態に残し，里山は人為的な二次林ではあってもやはり林として維持してきた．日本人の生活は，森と深くかかわりあって最近に至るのである．

森の歴史

　森林に住んでいた霊長類のうちの一種ヒトが，平原に進出して人に進化した．ヒトは森林の中では弱者で，競争に勝てず，追い出されて平原に住むようになったともいわれるが，平原に出て，狩猟採取の生活から農耕牧畜という生き方にライフスタイルの変換を成し遂げた．平原での動きを速めるために2足歩行を行い，手を使って道具を創出し，火を使い，さらに脳の容積を拡大して知能を発達させた．その結果，人と森林との関係は大きく変貌した．

　日本列島は温暖多雨の気候に恵まれ，列島を通じて豊かな緑に覆われている．山と峡谷が織りなす複雑な地形は多様な生物相を生み出し，育んできた．この日本列島に住み着いた私たちの先祖は，牧畜というライフスタイルはとれなかったが，恵まれた土地に定着して農耕を始めた．

　日本人と森林とのつきあい方は，ほかに例を見ないものである．植生や地形とのかかわりもあって，国土全体の約20%を耕地と集落の人里とし，それで不足する資源の供給を補うために後背地を里山として利用したが，その面積も人里と匹敵するくらいの国土の20%余に広がった（里山の範囲をどこまで広げて解釈するかは諸説があり，国土の40%は里山とする考えもある）．しか

し，日本列島の残りの約半分に及ぶ面積は奥山と呼ばれ，森林が保全され，開発からは隔離されて日常的な利用の対象とはならない地域とされた．日本人は，そこを神の住む場所と信じてきた．

　最近では，自然を保全するためには，コアエリアを純粋の保全地として，その周辺にバッファーゾーンを置き，その外側にトランジションエリアをつくってコアはきっちり守っていこうという方針がとられる．これははじめユネスコのMAB（人と生物圏計画）が生物圏保全地域を設定する際にモデルとした考えで，そのまま世界自然遺産の登録の基準として取り上げられ，その後保全地域を設定し，管理していく際の標準的な考えとなっている（図5.3参照）．しかし，考えてみると，日本列島の開発の仕方は，人里を低地，谷地などの20％に限定し，後背地をバッファーとして活用し，その結果，奥山を自然の状態で維持してきたという理想的なものだった．その結果，百万都市に発展していた江戸でさえ，塵埃，排出物処理まで含めて，見事にリサイクルシステムを整えた都市に育てられた．コア，バッファー，トランジションなどの区域設定による環境計画は立てなかったし，自然保護とか，人と自然の共生などという標語は振りかざしはしなかったが，現在理想とされているような開発を実行していたのである（その原理と実際が今では壊滅してしまっているのはなぜなのか，そのことは第30講で検討しよう）．

　ヨーロッパの土地の開発は日本とは全く異なっていた．なだらかな丘陵地帯に農耕牧畜の場を発展させたのだから，条件は地形が急峻な日本とは異なっているかもしれないが，それにしてもヨーロッパでは森林を片端から伐開して農地を広げるという方式をとった．だから，見渡す限りの丘陵地帯に農地が広がるという景観をつくった．やがて，森林への憧憬が，ドイツのシュバルツバルト（黒い森）やオーストリアのウィーンの森を育て，管理する思想に展開した．

　さらに，残されたブナ林にはブタを追い込んで，ブナの実を食べた良質の豚肉を得ることを競い合った．ブタがブナの果実を食い尽くしたためにブナ林の自然更新が損なわれ，そのためにブタの立ち入りを規制する約束事が11〜12世紀頃の北欧で取り決められ，自然保護の思想のはじまりとなったと説明されることがある．日本でも，権利で保証される入会地（いりあいち）が藩政時代には確立していたといわれるが，自然保護という視点ではなく，村の仲間たちとの共通の利益の保全という視点の方に重きが置かれていたのではなかったか．ヨーロッパで，自然を征服するかたちで開発が進んでところで，保護という思想が発生してきたのに対して，日本では終始自然となじむ生き方が求められていた．

　北米における開発は，ヨーロッパ風の開発のやり方を16世紀以後に持ち込

んだので，森林を完全に伐開するかたちで進められた．森林に住む先住民に対する恐怖感が森林の皆伐につながったのは，最近の局地戦争における森林破壊に同じ現れ方をしている．ベトナム戦争の際には，メコンデルタのマングローブ林が皆伐されてしまった（今，再生されたマングローブ林が植林地として復活しつつある）．いずれにしても，完全な破壊に対する反省が，逆に保護という人為を強調することにつながっている．国立公園における保護活動はたいへん強固な規制を伴ったものになっている．

　文化大革命が終わってすぐの1980年代前半に雲南省の昆明市から西へ，横断山脈に至る地域の調査をしたことがあった．森林は完全に伐り払われていた．かつて，キングドン・ワードが，緑したたる森が続くと描写した地域である．その後，訪ねるたびに森林の回復が見られるが，貧しさに追いやられた人々から規制の枠を外してしまうと，森は資源の収奪の場所に化してしまうということを示す歴史的事実である．しかも，一旦破壊されてしまった森林が回復するのには，気の遠くなるほどの時間がかかってしまう．雲南省の山の斜面は今，遷移相のマツ林になっているが，さらに広葉樹林に置き換わるまでにはどれだけの時間がかかることだろう．

　熱帯林が，20世紀後半に入ってどのように変貌したか，ここで詳述はしない．原生林と呼ばれる森林がほとんど残されないくらい，地球表層はすがたを変えているとだけ述べておこう．森で暮らしていた人々の生活の場に対して，先進国といわれる国の人々がどのように資源の収奪に動いたか，これはまた別の書で詳しく論じられるべき話題である．日本へ輸入した熱帯材も少なくなかった．

　森と人とのつきあい方はさまざまである．自然の条件，人々の生活のあり方，あるいは自然に裏打ちされた国民性などが，森に対する人為を多様に展開させる．現在地球表層を覆っている森林には，純粋の原生林と呼ばれるようなものはほとんど残っておらず，人とのかかわりあいの歴史の産物が見られることになっている．

地球温暖化と森林

　人の歴史を通じて，森林に対する人為はさまざまなかたちで展開してきた．21世紀に入ってからも，資源を求めた森林の開発が，速度は鈍らせたとはいうものの，まだ残された森林に大きな圧迫を加えつつある．

　森林に対する影響は，さらに，地球温暖化という現象によってもうひとつの問題を生じている．地球温暖化が何によってもたらされているか，それを防ぐために今何をしなければならないのか，温暖化の基礎的な問題や当面している

課題について論じるのはこの場の役割ではない．むしろ，急激な温暖化が気象に見られる現象として認められ，それによって生物の分布に顕著な異常現象が多数認知されているという事実に基づいて，森林のあり方を考えてみたい．

南の地方にしか知られなかった特定の生物種が，ごく最近になってずいぶん北の場所でふつうに見られるような現象が，さまざまな実例について報告されている（堂本・岩槻編，1997）．これは個別の種の分布域の移動である．しかし，生物多様性の問題でもっともむずかしいのは，生物種は種特異的に個別の生活を構築し，それでいてすべての生物種が一体となって生きているという点である．地球温暖化のような環境の変動に対して，種は個性的に対応するが，種の集まりである生態系は個別の種の対応を総体として受け止める．移動速度が速く，新しい場所に適応能力の高い種は温暖化にともなって急速に北上するが，種によっては移動に手間どるものも少なくない．種子が移動したとしても，森林が形成されるまでには，特に極相林になるまでには，何百年という年月を必要とする．森林を生活場所とする種は，たとえ移動に成功したとしても，種にふさわしい森林がそこに形成されるまで何百年も待たねばならないというのである．これでは移動も容易な話ではない．

自然界の変遷は，ふつう長い時間をかけて現れる現象である．種の大絶滅にしても，かつて地球上に見られた自然の大絶滅は何十万年もかけて進行した．しかし，現在直面している人為の大絶滅は，何十年単位という短い時間内で進行している．何十万年かかければ，絶滅する種の代替の新しい種が種形成する時間が保障される．しかし，何十年のうちには絶滅する種の穴を埋める代替種の分化は期待できない．同じことが地球温暖化についてもいえ，自然の温暖化のように徐々に進行するなら，たとえば数百年単位で温暖化が顕現するなら，必要な森林が適地に形成される時間的余裕がある．しかし，数度の温度が100年以内に変動するというなら，移動速度の速いいくつかの種は急いで分布域を北へ広げることができるだろうが，移動した種の生活場所となる森林の北上の時間には間に合わないことになる．せっかく北へ移動しても，森林内に生活する種にとっては，生活場所が与えられないのである．

地球温暖化によって，地球上の生物相には大きな変動が生じることだろう．それが大絶滅と共鳴して，地球上の生物多様性に壊滅的な打撃を与えることがないように期待したい．

地球温暖化と森林の関係については，もっと実際的な関係が話題になることがある．それは，森林と二酸化炭素の関係についてである．京都議定書で二酸化炭素の排出量を規制することになっているが，技術的に国内における努力だけでは達成できない場合には，森林の二酸化炭素吸収力をある国から別の国へ

貸し借り（売り買い）できることになっている．先進国は，競って，森林所有国から権利を譲渡してもらうことを期待する．多くの場合，これは金銭トレードである．森林の有価価値が，国際協定にともなって，そのような現れ方をすることも現在的である．

森 と 人

　雲南省では，皆伐された森林跡地の急速な回復を図るためにユーカリが植樹されたところがある．昆明市などではかつてはウンナンポプラのような自生種を街路樹に使っていたが，この木が排気ガスに弱いことから，一時はユーカリが並木に植樹されることがあった．成長の速いユーカリは，薪炭材として有効に利用されたようである．しかし，アレロパシーの傾向の強いユーカリは，自分と同じ種の自然更新にふさわしくないだけでなく，森林内に他の種の植物が入り込むことを極端に規制する．だから，ユーカリの植林で促成林を回復させたように見えはするが，実際はそのまま発展的に森林を回復させ，定着させるという効果は期待できない．

　20世紀前半の最後の頃にメタセコイアが中国の湖北省刀磨渓で発見されてから，日本でもこの植物について多面的に研究が進められた．成長が速いこの木が有用樹であれば，森林に育て上げることができるだろう．しかし，半世紀に及ぶメタセコイアの植物学の成果は，この種をすぐに役だてる手がかりを与えてくれないものだった．潜在遺伝子資源としての今後に期待をつなぐことはできるが，現時点で有効に活用する手立ては見つからなかったのである．

　イチョウは野生絶滅種である（中国の研究者のうちには，今でも中国に自生すると主張する向きもあるが，野生状態のものも栽培からの逸出品であることはほぼ間違いない）．このイチョウ，栽培状態で生きて維持されてきたために，植物学の研究の貴重な資料となってきただけでなく，薬として貴重な資源であることがわかってきている．ヨーロッパではすでに老人性痴呆症の予防などの薬として販売されているが，日本では薬として認定されておらず，健康食品として販売されている．

　成長の速い樹種が森林回復に有効に活用できないかというのは，誰でも期待する話であろう．しかし，実際には長い時間をかけて形成される林木にこそ有用資源としての価値が期待されるものである．それだけに，既存の森林は大切にし，伐採するにしても，得られた木材をできるだけ有効に利用することなどを図らなければならない．

　失われた森林が多いだけに，世界中で今，森林の回復，植林などの努力が重ねられている．森林の意味を見直す意味でも，この動きは期待されるものであ

図 25.1 スギ林
北関東でも，入りやすい場所はスギの単純植生となっている．

るが，一方では科学的な見通しのないままの活動も散見され，せっかくの活動が将来に禍根を残すことがないような万全の配慮も必要とするものである．その意味でも，森林を正しく評価する科学的視点の確立が求められる．

　日本で，高度経済成長期頃までに，スギの植林が推進された（図25.1）．ところが，今ではスギ材の価格が低下し，足場の悪いところでは伐採しても搬出経費で木材の代価が消えてしまうというような事例も知られている．さらに，スギ花粉は花粉症の最大の原因であるとされ，今では国民病ともいわれる花粉症とのかかわりで問題視されている．また，スギの単純植生にした植林が，台風などによって甚大な被害を受けるという事態（Tea Time参照）にも直面した．この場合も，準自然植生である広葉樹の二次林には大きな被害はなかったが，単純植生を育て上げたスギ，ヒノキの林がもっとも大きな被害を受けることになった．これ等も，スギの植林を国家政策として推進したことが問題の禍根を今に残したことになっている現象である．

　森と人とのつきあい方は，さらに科学的な検証を得ながら，生物多様性の持続的利用を図る視点で正しい構築が期待されることである．

=============== **Tea Time** ===============

スギ林と里山

　スギは日本の自生種である．古い遺跡から，さまざまなスギ製品が出土することから，日本人が古くからスギを利用していたことは確かである．潜在自然植生としては，日本中部などでは，広葉樹林に混成してスギが生えていたらしい．南限の屋久島で今も見るスギの生え方である．

『万葉集』の柿本人麻呂の歌に，すでに古の人が植えたスギという表現があるのだから，スギの栽培は上古からのものである．吉野で人工のスギ林が育てられたのは室町時代とされる．吉野スギは醸した日本酒に芳香を伝える酒樽づくりに不可欠であるが，この頃から需要量が大きくなり，自然林だけでは供給が追いつかなくなったらしい．

第二次世界大戦の頃から，「お山の杉の子」という唱歌で宣伝されたように，スギ林の造成が強力に推し進められ，戦後は薪炭林の二次林をスギ林に置き換える国策が推進された．しかし，そのスギ林が成木に達し始めた頃，安価な輸入材が豊富にもたらされ，経済性が成り立たなくなって，広いスギ林の管理維持の世話さえ十分行き届かない状況に追い込まれた．最近では，よほど足場のよいところでないと，伐採，運材すればそれだけで赤字になるといわれ，遺産相続を放棄する例さえ出ているという．

それだけではない．スギ花粉が毎年早春に猛威を振るい，今では国民病ともいわれる花粉症の元凶とされることになった．さらに追い討ちをかけるのは，台風の襲来で倒木が頻出することである．単純植生に育て上げたスギ林は，生産性を高めるべく密植したために，何年かに一度という程度の台風で脆くも一斉倒壊することになってしまった．1990年代に，九州を襲った台風で倒れたスギが二次災害を招かないように，自衛隊の出動を要請したことも報道された．下生えも育たないように密植したスギ林の倒壊は，その後にむき出しの斜面を遺すことになり，さらに土砂崩れなどの災害をもたらすこととなった．人工物の設定が，人間環境に厳しい現実を突きつけた典型例を見せることになったのである．

ウィーンの森やシュバルツバルト（黒い森）で代表されるヨーロッパの森林は，人手が加わったもので，自然林ではない．しかし，一度は自然にはなはだしく人為の圧迫を加えてきたヨーロッパでは，森の大切さが尊重され，現存の森を住民すべてで維持しようという風潮が確立している．

日本列島でも，新石器時代以来，有効に利用しながら住民と共生してきた里山という風景を維持してきた．それを，目前の効率だけを考えて単純植生に置き換え，しかも経済性重視の密植をしたため下生えも育たないスギ林を育てたことが，今新たな問題を生じることになっている．短期的な計算で自然に営為を及ぼしたことのつけがきているといわねばならない．私たちの周辺にも，目前の効果だけを計算し，長期的な視野を無視した行為がどれだけ重ねられていることか．スギ林の現実は私たちにそのことをきっちり示してくれている．今，森林の分野では，その現象を重い教訓と受け止め，単純植生をつくるにしても，せめて密植を避ける植林をするなど，長期的視野に立った植林が試みられ始めている．未来に引き継ぐ日本列島を生物多様性豊かに維持することを，地球の持続性を図る模範としたいものである．

第26講

森林資源：樹木と人

キーワード：巨樹　工芸品　材木　薪炭材　タケ　森林資源

　樹木は天然の資源として人に活用されてきた．資源としての樹木の多様性を整理し，さらに，有用資源としての樹木を概観してみよう．さらに，木材の経済植物としての側面だけでなく，人のこころとどうかかわりあいをもってきたかを考えることを通じて，自然を知る上で人と樹木や森林の関係は何かを考えてみたい．森林資源といえば，有用材の利用の話が主になるが，巨樹と人のこころのかかわりなど，最近になって見直されている話題も拾い上げる．

木材の利用

　建築，家具の原材料　　有用植物としての樹木は，木材利用が第一である．日本のように木造家屋が主になるところでは，建築材としての木材は家をつくる材料と考える．もちろん，家だけでなく，あらゆる建造物には，鉄やコンクリートなどの素材に加えて，木材が使われないところはない．

　木造建築は，地球規模で見れば主流ではない．木材が容易に得られるところが少ないということもあったのだろう．石や土を使った住まいに比べて，木造建築は落ち着いたたたずまいを見せ，住む人のこころに無闇に戦闘心を燃やさせるようなことはしなかった．しかし，20世紀後半になって，日本の建築ブームが外国の森林破壊につながったという事実も見過ごすことはできない．

　住まいの周辺では，家具も木材がもっとも大切な材料である．生活のための家具もそうであるが，住まいの豊かさを演出する工芸品にもさまざまな木材が利用される．使われる木材の原料の植物も多様にわたり，木材によってはずいぶん高価で取引される銘木もある．

　コンクリートのビルディングの寿命はせいぜい100年だという．木造建築には1000年に近いものもある．元来，建築物は備品の最たるものだったが，最近では木造建築も外材で簡易につくられ，早々に建て直される．その際，まだ使える木材も，廃材として処分されて，再利用されることはほとんどない．住

居も消耗品になってしまったということである．日本では，とりわけ，あらゆるものの消耗を早め，新しいものをつくることで経済が成り立つようになっている．これは，しかし，自然に負荷を与えるという点では危ない現実である．

　薪炭材　　ヒトから人への進化が完成したかどうかを判断する基準のひとつに，火の使用という項目がある．火は，もとは木を燃したものである．その後，油，蠟（ロウ），石炭，石油，電気，さらに原子力と，燃やす材料は多様になってきたものの，やはり薪炭材としての木材は今でももっとも普遍的である．薪としてそのまま燃やす場合と，炭を焼いてさらに使い方が多様になる場合とあるが，ひっくるめて薪炭材は人の生活に密着したものだった．

　薪炭材は暖をとるのに利用されるだけでなく，食べ物を調理するのにも大切な材料であるし，最近では暖をとるのと同様に，冷房のために費やされるエネルギー量も相当量に達するようになってきた．熱帯におけるエネルギー消費量の増大は，二酸化炭素排出量の増加につながり，地球温暖化の原因を大きくしている．

　日本におけるエネルギー革命は，1960年代頃から農村でも天然ガスをはじめ，電気，石油などが主なエネルギー源となり，薪炭材を利用しなくなったことから起こってきた．私がまだ子どもだった頃，裏山で枯れ枝拾いをし，マツの落ち葉を集める落ち葉かき（私たちの田舎では扱く葉掻きと呼んでいた）をして燃料源とする作業は，子どもの大切な仕事のひとつだった．クヌギ林などの二次林は，一定の大きさに育つと伐採され，薪炭材として活用された．放っておいても，伐り口付近から傍芽して，また10年ほどすれば伐採できる大きさに育ってきた（図26.1）．焼き畑利用のように，一定のサイクルで二次林を伐り，薪炭材を確保したことから，里山はキノコ，山菜などの採集地としても維持されてきたのである．こうして，里山を利用してきたのだが，燃料の供給

図26.1　台場クヌギ（服部 保撮影）

源として必要なくなった里山が放棄されるようになって，1970年代頃からの里山の荒廃は目を覆うような状態に追いやられてきた．農村の人や動物たちの生活の様式が大きく変動することにもつながったのである．

　パルプ　　人の文明にとって，文字をつくり出し，紙に記録を残すようになったのは，画期的な歴史上のできごとだった．印刷術が発明されてからは，記録は大量生産につながり，印刷媒体による情報の伝達が文明に新しい相を生み出した．紙ははじめヒツジの皮だったし，パピルスやコウゾ，ミツマタから製造した紙（書写材料）は芸術的な側面ももった工芸品としての側面も備えたものだった．やがてパルプを原料にした紙の製造が定着し，木材はパルプとしても大量に消費されることになった．文字を打ち出す媒体としての紙の消費量は急速に増加し，紙パルプの需要はすごい速さで伸びてきた．

タケの植物学

　タケはイネ科の単子葉植物で，茎の維管束の配列が不整中心柱で形成層を欠き，二次肥大成長をしないから，樹木とはいわない．しかし，背丈は樹木と同様に高くなるし，利用のされ方も木材に似てさらに多様である．ここでも，樹木の話の一環として取り上げたい．

　熱帯ではタケは低地で豊富に得られる材料であり，住居の材料としても使われるが，日本でも，住居づくりの材料として，壁の下地に使われたり，竹塀が編まれたりする．建築材，造園用材として有用性が高い．器具や家庭用品の材料としても，多様に使われる．竹籠類は生活必需品だし，農器具としてもタケ製品は多い．

　タケの利用はさらに幅広い．楽器では尺八，笙，ひちりき，笛などの材料になるし，竹刀はタケでつくる．茶道具に使うタケも多様で，柄杓，茶筅，茶をすくう匙など数え上げるとさまざまである．華道ではタケの花器を上手に使うし，花卉園芸にも容器の素材にタケを用いることがある．子どもの頃，竹馬をつくり，竹とんぼをとばした経験をもつ人も減ってきただろうか．また，エジソンが最初に電球をつくったとき，京都の男山八幡宮の竹林のマダケのヒゴを炭化してフィラメントにした歴史も思い出しておこう．

　タケといえば，筍（タケノコ）を忘れるわけにはいかない．日本でもさまざまな種の筍が春の日の食前に供されるが，筍はタケのあるところではどこでも食用とされる．モウソウチク（孟宗竹）やマダケの筍は春の食材の代表である．シナチクはラーメンにとって不可欠の食材のひとつだろう．

　イギリスのキュー植物園には，日本から移転した民家が建てられている一画がある．そこでは，民家での生活との関連で，タケの文化を紹介するコーナー

が設けられている．展示を見ていると，外国人から見ると，タケの文化のうちでも，鹿脅しやタケでつくった楽器類などは関心を呼ぶものらしく，それなりに場を占拠している．

巨樹・巨木

前2節で紹介したのは経済性をもつ木とタケの利用法である．しかし，植物と人のかかわりでいえば，人にとってもっと基本的な意義が樹木にはあるのではないか．

巨樹・巨木が話題になることがある（図26.2）．屋久島の縄文杉は，縄文時代から生きてきて樹齢数千年に達するという．植物は茎頂と根端で常に一次成長を行って，動物でいえば胚発生のすがたをつくり出すので，樹齢何千年の樹木でも，茎頂と根端では発生初期の卵割期と同じ状況に置かれている．だから，物理的に支持されることさえ保障されたら，樹木の寿命は理論的には無限のはずである．すでに枯死した樹幹の内部がうつろになったり，あまりに巨大化してわずかの風雨ででも損なわれたりして，永久に生き続けるということは実際にはあり得ないが，条件にさえ恵まれればどこまででも生き続けることができる．そのため，各地で著名な巨樹・巨木が注目されることになる．

ところで，巨樹・巨木は，それ自体何百年と生き抜いてきた生命体の醸し出す雰囲気だろうか，存在自体が見る人に畏敬の念を喚び起こす．巨樹は日本に限らず，世界各地で関心をもって見守られているが，日本の場合は特別の意味

図26.2 ボルネオのサバ州ダナンバレーの高木
樹高83 mと測られ，聖樹とみられている．

もあるのではないだろうか.

　巨樹のうちには各地に点在するトチノキのように，山の斜面などに意識して残されたために年を経て巨木となったものがある．かつて，トチノキは貴重な食用植物だった．穀物が基幹食物となってからは，面倒な渋抜きなどを必要とする栃（トチ）の実などは，平時の食物としては利用しなくなった．しかし，時々訪れてくる天候不順の年や，人が争って農作業もできない戦時など，食料不足に悩まされるときには栃の実なども備蓄食料として活用された．そのために，里山の樹木のうちでもトチノキは薪炭材に伐り出されることもなしに，斜面に残された．そのすがたが巨樹として各地に残されている．

　巨樹・巨木といえば，圧倒的多数のものは寺社に残されたものである．日本では，農耕に基づく生活を始め，やがて水田耕作を農業の中核に置くようになってからは，平地，谷地など国土の約20％を農地として開拓し，人里とした．しかし，常に自然となじみあいながら生きてきた私たちの先祖は，自然のすがたを維持した奥山をあがめながら，開発した人里にもかならず鎮守の森を置いた．小さな村落でも，それなりの鎮守の森が維持されたのである．鎮守の森は，寺社を中核とするものの，寺社をむき出しに置くことはせず，小さくても森を維持してその中に寺社を置いた．人里にも，自然のサンプルを残し，庭に小自然をつくり出そうとしたように，自然の中に生きることをめざしたものだったのである．この点，伐り開いた庭園をつくり，解放された場所に教会やモスクをつくってきたヨーロッパや中央アジア以西とは，日本人の自然とのつきあい方は異なったものだった．

　鎮守の森に自然のすがたを描こうとする日本人だから，そこに生きる木をむやみに伐り倒すようなことはせず，生きる木はそのまま維持してきた．そうやって樹齢を重ねてきた巨樹・巨木は，寺社の聖なる雰囲気を醸し出す守り神の住居とさえみなされるようになっていたのである．巨樹・巨木が寺社に多いのは，鎮守の森が人里ごとに護られてきたのと同じ，日本人の心情に支えられてきたものではなかったか．歴史を通じて，平均的日本人の生活は決して豊かだったとはいえない．しかし，貧しいはずの日本人が，すぐに金になるからといって鎮守の森の樹木を安易に伐り倒すようなことはしてこなかった．自分たちのこころのよりどころを，鎮守の森に，寺社に生きる巨樹・巨木に置いて，自然となじみあう生き方を，日本人は伝統的に護ってきた．鎮守の森を片端から破壊することを始めたのは，明治以後の文明開化の影響を受けてだった．日本人の自然観の転換期がどこにあったか，象徴的なできごとだったといえるだろう．

第27講

水中の植物と人

キーワード：海藻　コンブ　水草　海苔(ノリ)

　30数億年前に地球上にすがたを現した生物は，長い間水の中で生活していたが，そのうちの植物が4億年余り前に陸上へ進出し，それにともなって動物や菌類も陸上に生活場所を見いだした．人は植物が緑豊かな森林をつくってから進化してきたが，身の周りの生き物がもっぱら陸上の生物だったからか，陸上の生物相に強い親近感をもつ．人と生き物のかかわりは，生物の進化の歴史から見れば，ごく最近の，ほんの一瞬といってよいくらい短期間のものなのである．

　短い間のふれあいであるが，それでもなお人と水中の生物との関係も希薄ではない．海に取り巻かれた日本列島では，動物性タンパク質は主として魚介類から摂取されてきたし，それだけでなくて，植物についても，海藻と深いかかわりをもっている．本書の30講のうち，29講までは主として陸上の植物の話題を取り上げているので，この講では水の中，それも主として海の植物の話題に絞って話題を展開することにしよう．

水中の植物：藻類

　水の中にも多様な生物が生きている．というより，生き物にとって，水の中は生命を育んできた母なる世界である．生命体が地球上にすがたを現し，原核生物から真核生物が進化し，動物，菌類，植物などが分化したなど，進化史のうちの特筆すべきできごとはすべて水の中で演じられたことだった．

　植物は酸素発生型光合成を行うが，そのためには葉緑素が必要である．葉緑素をもったシアノバクテリアが，ある種の真核細胞にそのままのかたちで取り込まれた細胞内共生で，葉緑体というオルガネラに姿を変え，光合成の効率の高い生き物を進化させた．葉緑体は一回起源のものであることが確かめられたので，葉緑体をもった真核生物は，植物というひとつの系統群を構成することがわかったのである．

水の中で生活していた4億年以前の植物は，すべて藻類だった．藻類の段階で，植物は極端に多様化したが，そのうちの一系統，緑藻類から陸上植物は進化してきた．しかし，陸上植物が進化してから後も，水の中で多様な生き物たちの生活は演じられてきた．人は陸上で進化してき，陸上の生き物と共存して生きているが，それと同じように，水の中の生物とも地球上の生を分かちあっていっしょに生きる生活を営んでいる．

ひとくちに藻類といってもその内容はきわめて多様である．長い進化の歴史のうちで，主として水の中で，藻類の多様化は進行した．紅藻類，緑藻類など，早い時期に分化して独立性を保ってきた系統群もあるし，その後二次的な細胞内共生が行われて葉緑体の浮動が見られた褐藻類や黄金藻類などの系統もある．また，藻類のからだのつくり（体制）も，珪藻や緑藻類のうちの鼓藻類やクラミドモナス，クロレラなどの仲間，ミドリムシ藻類など，単細胞体のものから，糸状体，葉状体，それにホンダワラ，ヒジキのように樹状体とでもいいたいようなものもあるし，群体をつくるもの，多核体をつくるものなど，まさに多様である．海の中で生活するものだけでなく，淡水生，汽水生のものも少なくない．系統分化の過程で二次細胞内共生のような収斂進化も見られるので，藻類の分類体系も一筋縄ではまとまらない．当然，人との関係性もきわめて多様になるのである．

海藻という言葉がある．海の中で生活している藻類をさす．淡水で生活している藻類は淡水藻で，汽水中の藻類は汽水藻である．また，海草という言葉があるが，これは海の中に生えている種子植物をさす．アマモ（リュウグウノオトヒメノモトユイノキリハズシというとてつもなく長い別名がある）や，海浜性のウミヒルモ，シバナなども含めていうこともある．

藻類を食べる

日本人にもっともわかりやすい海藻と人との関係は，食べ物になる海藻である．欧米の植物学の教科書には，日本では海藻を食べる，とわざわざ「日本では」と断っているものがあるくらい，海藻を食べるのは日本に特徴的である．当然，日本料理の貴重な食材ということになる．

まず，そのまま野菜のように食べる食べ方として，コンブ，ワカメ，ヒジキなどがあげられる．もちろん，干物にして商品とされ，運搬され，販売される．昆布巻きや若竹（ワカメと旬の筍の炊きあわせ）などは高級品に属するし，ワカメの味噌汁やヒジキの煮物はおふくろの味の代表例である．最近では，健康食品としての価値も見直されている．

コンブはそのままで昆布巻きなどにしたり，お煮染めに添えられたりして食

べるが，もっと貴重なのは料理のだしをとる使い方である．日本料理の上品な味を出すには，コンブのだしは不可欠である．コンブについては，その他，塩昆布にして佃煮にする食べ方があるし，酢昆布にすればおやつとしても好まれる．短冊にしたものを軽く揚げてあられなどの混合物に加えることもある．佃煮風の食べ方に，岩海苔の瓶詰めなどがある．アオノリかと思っていたら，材料はヒトエグサだったというような例もあるらしい．茎ワカメも瓶詰めで売られている．

アサクサノリは寿司には不可欠の材料である．寿司が世界ブランドの食品になってから，アサクサノリも世界中で食べられるようになっている．その名のとおり，アサクサノリは江戸前で生産されたものであるが，いうまでもなく埋め立ての進む東京湾で必要量のアサクサノリがまかなえるはずはない．それどころか，国内産の海苔(ノリ)は日本国内での需要にさえ追いつかなくなり，今では韓国から，さらに中国からも大量に輸入されている．海藻を食べるのが日本人だと植物学の教科書に書かれていたのはもう古典時代の話になりつつある．

嗜好品としての利用では，酢の物に用いられるのが，ワカメのほかに，トサカノリなど，刺身のつまに使われるものもある．原核生物ではあるが，シアノバクテリアのカモガワノリ（アシツキ）やスイゼンジノリも酒の肴として好まれる．

藻類の有効利用

人の利用といえば，食用のほかに薬用がある．薬用の海藻といっても，マクリという種に聞き覚えがある人はよほど高齢者だけになった．20世紀中葉までは回虫の駆除のためにマクリを煎じて飲んだものだった．マクリという名前に口の中の苦い思い出を重ねる人も少なくなったようである．薬用の藻類としては，ほかに，ハナヤナギなどがあるが，健康食品に利用されるスピルリナ（シアノバクテリア），クロレラ（緑藻）などは企業によって大量生産されている．

海藻の利用といえば，欧米でも古くから使われたのはヨードの採集である．大量に集められた褐藻類を焼いて灰とし，電気分解をするか，酸化マンガンと硫酸を加えて酸化し，抽出した．

フノリは紅藻類であるが，その名のとおり，糊をつくるのに集められた．

直接に利用するのとは別であるが，海藻は海の森林をつくる．貝や魚は海の森林を生活場所とし，そこから食物を得るものもある．食物といえば，水の中でも第一次生産者はいうまでもなく藻類である．プランクトンの光合成量は膨大な量に達し，植物プランクトンを基礎生産者として，海の食物連鎖は成立する．だから，魚を食べるといっても，実際は植物の光合成による生産物を，直

接にか間接にか利用していることになる．そういう意味での水の中の植物と人とのつきあいは，ひとかたならぬ深さをもったものである．

藻類と文化

　阿寒湖のマリモは天然記念物である．人に愛好される藻類の典型例である．このほかには，直接に藻類が人の詩情を呼び起こすことは少ないようである．詩人が海藻を詠むのは海藻を扱う人の生活を題材にしてである．

　藻類といえば，海藻，淡水藻など，水中に生活するものを思い浮かべる．しかし，ごく少数の藻類が，水中以外で生活する．木の幹や岩に着生する気生藻，土壌中で生活する土壌藻，雪や氷の中で生活する氷雪藻，それに地衣類などの共生体をつくって生きている共生藻などである．

　赤潮　むしろ好ましくない現象として，赤潮が話題になり始めたのは遠い昔ではない．人の営為が海の水に極端な富栄養化を及ぼすようになったのは新しいことだからである．赤潮は珪藻，渦鞭毛藻，ラフィド藻などの植物プランクトンが大量に発生し，水が赤っぽく見える現象であるが，人為による富栄養化など，水の環境汚染がもたらす顕著な現象である．三陸沖で厄水と呼ばれる珪藻の大量発生もその現れのひとつである．一般には，水の華と呼ばれて，いろんな色に染まる現象が，もともとは淡水域で，さらに海域でも広く見られるようになったが，とりわけ人為的な影響で頻発するようになった赤潮が，よく目立つ現象なのである．

========== Tea Time ==========

文化と植物

　知的活動を始めた人の反応が，花を美しいと感じ，多様な花が同じように咲き，やがて散っていくことに法則性を見て感動し，花から実へとすがたを変える神秘性に惹かれることだったと整理した．もちろん，ここでは花を題材として話を展開するが，題材は魚であっても同じである．自然界の森羅万象に美を見いだし，不思議を発見し，神秘をおぼえる．それは知的活動を始めた頃の人たちもそうだったし，現代の人々でも同じことである．

　理性，知性，感性等と整理されることのある人の知的な行動は，人に固有とまではいわなくても，人において極端に高度化されている．科学，芸術，宗教，哲学等と呼ばれるほどに整った領域における活動は，人に固有である．しかし，人に固有だからといって，人の内面だけでつくり出されたものではなく，それらの知的な行動は植物にも励起されて進行している．植物と科学と

の関連は，本書で取り上げる本題であるが，宗教（第18講 Tea Time 参照）や芸術（第10講 Tea Time 参照）の領域においても，その成果にいたる道筋に植物がかかわっている部分は小さくない．

　人の知的活動は自然界に見る現象に影響されるものだとすれば，文化は自然のあり方によって左右されるのだろう．さらに，科学や芸術は地球規模で発展するものであっても，宗教が多様な教義に左右されるようになると，政治形態のあり方と同じように，自然の特性から大きな影響を受けることだろう．

　この第27講では水の中の植物を取り上げたが，水の中の植物とのつきあい方も，地域によっていろいろである．藻類を食べるのは日本人の特徴だった．しかし，寿司が地球規模の食品となると，海苔は世界中で食べられる．寿司が地球規模で好まれるようになった理由のひとつに，醤油が地球規模の調味料となったことがあげられる．醤油はダイズを醗酵させたものであるが，ダイズのほとんどが輸入になった頃から，醤油の生産がアメリカを舞台に展開した．やがて，醤油のおいしさは地球ブランドとなり，刺身や寿司も地球規模で愛好されるようになった．日本でも，醤油が広く使われるようになって，刺身が味わわれ，江戸前の寿司が，なれ鮨やフナ寿司から発展してきた．

　調味料は食べ物の質を変える．エスニック料理にとって不可欠のトウガラシは新世界原産だから，コロンブス以前にはヨーロッパやアジアでは使われなかった．タイ料理や韓国，中国西域などの食事は今と全く異なったすがただったはずである．

　食事は文化に大きな影響をもたらす．食材が地球規模で流通するようになると，文化もそれに影響を被るはずである．日本人の季節感は食べ物によって感得されていた部分があった．旬のものはもっとも美味とされた．しかし，栽培法の変化，食品の流通などの影響で，旬の食べ物の味わいは大きく変化した．日本文化に変化がもたらされる動機のひとつである．

　もちろん，食べ物だけでない．景観が人のこころに及ぼすものも見過ごすことはできない．柿本人麻呂の万葉の歌を理解するには，今の日本列島の景観はあまりにも当時と異なりすぎている．もっと時代を下って，松尾芭蕉の俳句についても，頭で理解はできてもこころでは感応していない部分が大きい．だから上代に，あるいは江戸時代に，日本列島のすがたを戻そうというのではない，その事実を正確に理解しておこうということである．

第28講

人の進化と植物：森から平原へ

キーワード：オランウータン　原始人　知的活動　鎮守の森　農耕牧畜

　人の先祖は森で生活していたと推定される．森で暮らしていた人の先祖が，平原へ出て来て2足歩行を始めたのは数十万年前かと推定されている．元来自然の申し子であったヒトが，知的動物としての人に進化し，やがて自然と対立する存在に育った．自然と対立しながら，なお，人は人と自然の共生を祈念する．しかし，物質・エネルギー志向の人が，そのライフスタイルを維持する方策のひとつとして自然との共生を求めるなら，どこかでその希求は破綻するおそれがある．自然と共生することを望むなら，植物に対して，人は物質・エネルギーの豊かさの源である資源としての意味を求めるだけではなく，人と共に生きる仲間を見いだし，地球上に生きる生命を共有することに成功してはじめて望むものを手にすることができるだろう．

ヒトの進化：自然人類学

　ヒト科が分化・独立したのは今では700万年ほど前のことで，場所はアフリカだったと推定される．現生の霊長類のうちでは，現代人にいちばん近いのはチンパンジーであると結論されている．このことは，近時進歩した分子系統学の手法を用いて確かめられている．しかし，ヒトがどのようにして森から出てきて今のような生活をするようになったのか，その進化の歴史が詳細にわかっているわけではない．

　霊長類は森の中で生活している．オランウータンは東南アジアに現生の類人猿（サルではないので類人類というべきだともいわれる）であるが，インドネシア語やマレー語では，オランはヒトであり，ウータンは森である．オランウータンは，だから，森のヒトを意味する．森で生活していた類人猿が森を出て平原で生活するようになるためには，直立2足歩行が不可欠の条件だったと解釈されるが，これは森の中で直立2足歩行をするようになった霊長類のあるもの（＝ヒトの祖先）が平原へ進出したのか，何らかの原因で平原へ追い出され

た霊長類のあるもののうち直立2足歩行に成功したものがそこに住み着いたのか，どちらかを決める確実な証拠はまだ得られていない．

ヒト化（ホミニゼーション）とは，人類の祖先が類人猿から分化（分岐して進化）した過程をさす．直立2足歩行にともない，形態的には，大脳が発達し，手と足の機能が分化し，顎や歯が退行した．ヒト化の過程は過去数百万年の間に，第三紀霊長類から分岐し，猿人，原人，旧人と呼ばれる段階を経て，新人と呼ばれる段階に達した現生人類が新石器時代をつくり出した頃には，類人猿には見られない道具の使用，火の使用，言語の発達などによって独自の文化を創造した．大きな集団をつくって社会を構成するようになったのも，人の特性のひとつだったと推定される．本書は人類の進化を詳述するべき場ではないが，人と植物の関係を論じるに当たって，読者にはヒト化についての知見をおさらいされることを期待したい．

猿人といえばアウストラロピテクスであるが，その時代の後期にホモ・ハビリスが進化してきた頃には，粗末なものではあったが石器が使われていた．旧石器時代のはじまりである．ジャワ原人，北京原人などの原人になると，一見して人工の品と判別できるほど完成した石器を使っていた．ヨーロッパで生活していたネアンデルタール人などの旧人は，死者の埋葬も行ったらしい．すでに現代人に通じるこころのはたらきをもっていたと推定される．そして，後期旧石器時代から新石器時代を進化させた新人は，それまでの狩猟採取のライフスタイルだけでなく，農耕牧畜という生活の形態を案出した．

人は文化をもつという点で，他の動物と明確に異なっている．しかし，文化についても，絶対的な差を生み出したものではないことに触れておく必要があるだろう．ニホンザルの若者があるときイモを洗って食べることを試み，それ以後イモ洗いは集団内に急速に広がっていったことが観察されたが，それをきっかけに，霊長類における前文化の形成が認知され，今では広く自然人類学の定説となっている．人は言語によって意思の伝達を急速に，かつ複雑多岐にわたって可能とした．また，言語に載せられた情報を（文字などによって）社会内に蓄積することによって，得られた知識を社会内で共有することに成功した．そのため，知的活動が活発となり，創造された文化を社会内で洗練させ，高度化させることとなった．膨大な量の知識を社会で共有することが，人の文化を他のどの動物のものよりも高度のものとすることにつながった．しかし，文化と呼ぶに足るだけに高度に発達した文化も，すでに動物の社会でも前文化の状態で構築されているものと質を同じくするものであることは認識しておくべきである．

原始時代の人と植物とのかかわり

　原始，霊長類の一種で，自然界の申し子だったヒトは，他の生物と同じように，多様な生物のひとつとして，地球に生きる生命系の一要素としての生を生きていた．だから，他の動物たちと競争と共同の関係をもっていたように，植物たちともなじみあいながら生きていたのだった．しかし，知的に進化を重ねた人は，やがて動物も植物も自分たちの役にたつかたたないかで評価，識別するようになった．

　人と植物の関係性（図28.1）は，物質・エネルギー志向の視点からの有用性で評価する面と，人のこころに感動，喜び，慰めなどの情緒的価値を付与する面と両面ではたらきあってきた．実利的な有用性については，食料をはじめ，衣料，住居，環境など生活のための資源としての意味が重んじられている．薬用，生活のための道具，資材の原料としての資源なども当然この範疇に入る．

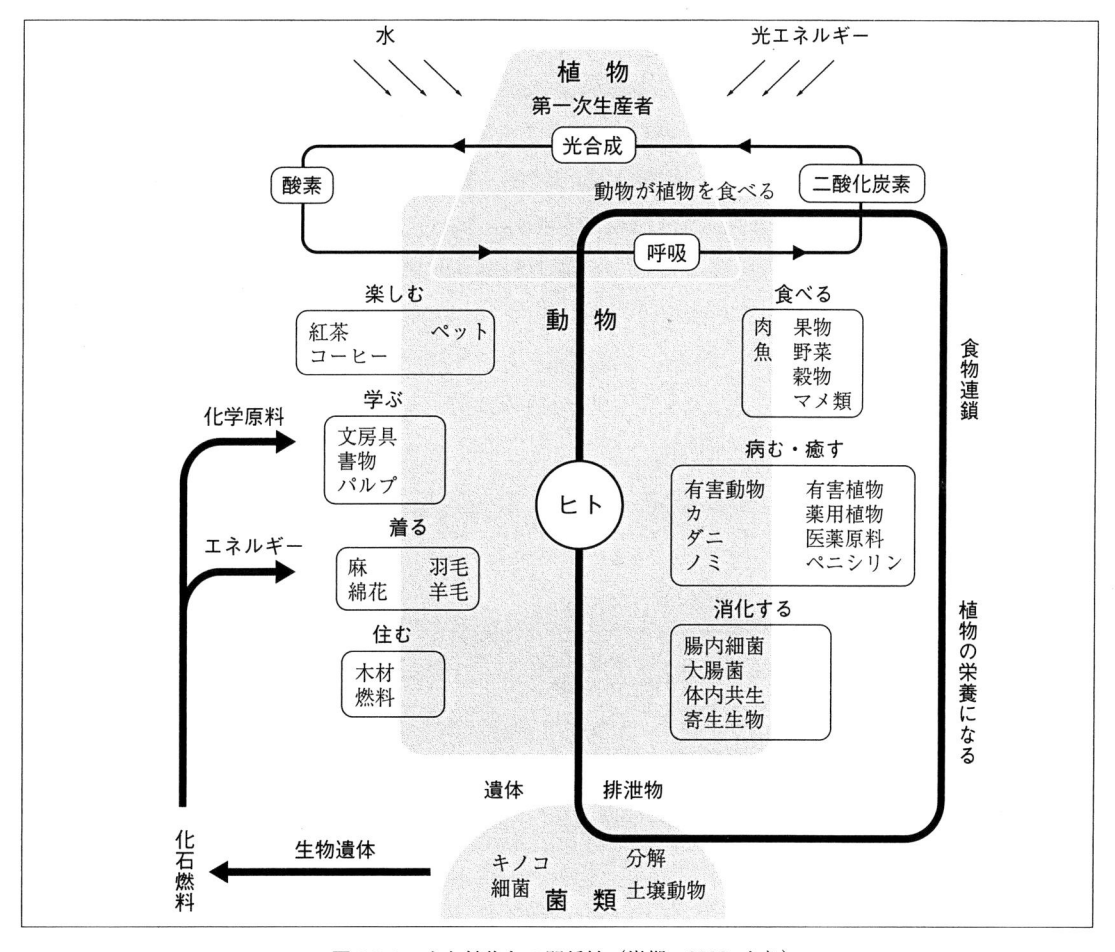

図28.1　人と植物との関係性（岩槻，2002aより）

人と植物の関係性でさらに重要なのは，文化の素材としての植物のはたらきである．人の知的活動である文化は，科学，芸術，宗教などで表現されるが，これらの分野における植物のかかわりが非常に大きいことは，すでに各講で触れてきたとおりである．

人類の進化の歴史はヒトの形態や機能の進化にとどまらず，ヒトと他の生物たちとの関係性の進化に負っていたことでもあった．その意味では，ヒトの生は，ヒトもその要素のひとつとする生命系の生の展開であった．そして，ヒト化の過程のあらゆるところで，ヒトと植物の関係性も際立っていた．はじめて花が美しいと感じた人が芸術の目を育てたし，花に不思議を見た人が科学を創造することになった．花の神秘は人のこころに神への畏敬の念を生み出し，宗教は人のこころを導く手立てとなっている．文化はそのはじまりの時点から，植物と深いかかわりをもちあってきた．

鎮守の森

里山という特異なゾーンを育てて奥山の保全を上手に維持してきた日本人は，開発をした人里にもかならず神のすみかとしての祠を設け，その護りに鎮守の森を設けて，自然のすがたに畏敬の念を捧げ続けてきた（図28.2）．鎮守の森は奥山の依り代であり，開発する前にあった自然の代替（ミニチュアでの保全）とし，村人が自然への畏敬の念を捧げる場として維持されてきた．鎮守の森と日本人とのつきあい方とは，植物と日本人とのかかわりという視点ではどのように理解されるものだろう．

日本の人里にはかならず鎮守の森があった．しかし，時代の流れとともに，鎮守の森にも何度か危機が訪れた．明治維新以来，西欧文明に追いつけ，追い越せの号令で始まった文明開化のときにも，日本の伝統を消すことによって改革が進むと早とちりした人たちがあった．鎮守の森に対する圧迫が，人々の強

図 28.2 鎮守の森
人里に森を置く．背景は里山．

い宗教心に対する攻撃となることに気づいていなかった．日本人はたとえ仏教を受け入れ，お寺での説教を田舎の小村落まで展開していても，なお鎮守の森を維持し，日本人の原体験以来の八百万(やおよろず)の神々に祈り続けた．日本の神とは八百万，すなわちすべてであり，究極は自然そのものだった．だから，密生していた森林を伐開してつくり出した人里にも，たとえ小さな範囲であってももともとそこにあった森のすがたを維持し，自然のすがたを模写した森の中を神の鎮座場所とした．そのことによって，神の住み場所である奥山を，人里にも招き寄せていたのである．

　日本列島が森に覆われていたから，ということかもしれない．しかし，それなら開発前のヨーロッパでも森林が展開していたはずだのに，教会はおおむねむき出しの建物である．森に包まれた教会など，あったとしても例外的である．むしろ，人の住み場である城が豊かな森の中につくられる．モスクも同じである．これは砂漠で発達した宗教だからそれでもおかしくないかもしれない．しかし，マレーシアやインドネシアでも，モスクは森に包まれてはいない．

　日本列島は開発しても，国土の約半分を奥山として保全してきた．地形が複雑で利用しにくかったからという理由があるかもしれないが，結果としては自然のすがたに残す広大な地域をもったのである．人里として農地や居住地に活用したのはわずかに20％余で，それだけでは資源の獲得に不足するので，ほとんど同じくらいの面積の後背地の里山を，狩猟採取の場として活用し続けた．全体として，今では環境保全のモデルになるような開発を行ってきたのであるが，その人里に，開発の見返りとして，かならず鎮守の森を置くていねいさがあったのである．これまで，自然を畏敬する民族はないのではないか．しかし，その自然への畏敬の念を，わずか100年の最近の歴史のうちにこれまで完全に弊履(へいり)のごとく捨て去った民族もまた例がないのかもしれない．

　廃仏毀釈の際の鎮守の森への攻撃に対しては，南方熊楠の身を呈しての反対運動があった．これは法による撤去の行為だったので，人々が一致団結しての反対運動があり得た．しかし，今，こころの荒廃から来る個別の鎮守の森への攻撃には，そのような反対運動はない．こころの復活を念じるのみである．

============================ Tea Time ============================

外来の植物たち

　日本の植物を語る上で，日本の生物相を構成している在来種と，人の活動によって日本へ導入された外来植物とは識別して考察される必要がある．

外来種のうちで，歴史にも記録されないほど古く導入されたものが史前帰化植物である（前川，1943）．ヒガンバナ，シャガ，ミツマタなどはこの類であるが，ほかに，畑に入ってきたものとして，ナズナ，ハコベ，オオバコ，ヤエムグラ，ミヤコグサ，カタバミ，スズメノテッポウ，カラスムギ，カモジグサ等，さらに稲作にともなって入ってきたものに，チガヤ，チカラシバ，カゼクサ，オヒシバ，メヒシバ，キンエノコロ，ホシクサ，イグサ等があげられる．意識的にしろ，無意識にしろ，これらを導入した石器時代までの人たちの行為をどこまで人為的と表現するかは微妙であり，植物の自然分布と識別するのが困難な場合もある．もちろん，人里など，人の生活域では完全に人となじんでいる植物たちである．

外来種法（「特定外来生物による生態系に係る被害の防止に関する法律」）では，特定の外来種を指定するにあたって，おおむね明治以後に導入されたものを外来種と，法律上は規定した（表28.1）．しかし，歴史に記録が残るようになってからだけでも，日本へ導入された植物のうちには栽培用の有用植物が多いが，そのうちには逸出して野外で生きている植物も少なくない．富士によく似合うと太宰 治が賞賛したツキミソウ（月見草）も江戸時代に入ってきて定着している外来種だが，クローバーなど，江戸時代に入ってきて田園地帯の景観をつくっている植物たちは，もうそこに古くから生きていたように落ち着いたたたずまいを示している．

明治以後に導入された外来植物のうちでも，外来種法で問題にするような顕著な災いを及ぼしているものもあるが，有用なものや，影響がほとんど浮き上がっていないものもある．影響が，今，顕在していないという植物にも，在来集団の遺伝子を攪乱して自然植生に悪影響を及ぼしかねない要注意のものがあるが，それらが明確に指摘できるほど植物学の情報は整っていない（外来種法でも，疑わしいものも入れないようにするホワイトリスト方式を採用するのが理想であるが，そのための社会の理解を得るためには，市民の科学的意識の向上と，科学のさらなる進歩が期待されるところである）．

外来の種についていうなら，外国へ進出している日本の在来種についてもひとこと触れておかねばなるまい．アメリカでツタが建築物に這い上がると非難の対象になったのはもうずいぶん昔のことで，ツタが絡まる建物の景観を喜ぶ人たちも今では少なくない（図28.3）．クズは伐り開いた斜面などの緑化のた

表 28.1 特定外来植物
2006年4月現在，第一次，第二次指定が行われている．

第一次指定植物種	ナガエツルノゲイトウ，ブラジルチドメグサ，ミズヒマワリ
第二次指定植物種	ボタンウキクサ，アゾラ・クリスタタ，オオキンケイギク，オオハンゴンソウ，ナルトサワギク，アレチウリ，オオフサモ，オオカワヂシャ，スパルティナ・アングリカ

図 28.3 ストックホルム市庁舎壁面のツタ

めに導入されたが，北米では旺盛に繁茂して在来植生に打撃を与え，日本から進出したペストと嫌がられてさえいる．北米大陸の南部では，ツルシノブが樹木に巻き上がって森林に害を与えるとされる．北欧では，イタドリが広範囲に広がり，人家の周辺や，植物園内などでは困り者とされている．地中海沿岸で，石垣などにビワがかってに生え出し，これは低木に育つので，石組みを傷めたりするという話も意外だったが現実である．

第29講

生物多様性の持続的利用

キーワード：危険な外来種　　国家戦略　　里山の荒廃　　生物種の絶滅
　　　　　　生物多様性条約

　生物多様性の持続的利用というテーマが一般にも伝わるようになったのは，1992年の地球サミットで採択された生物多様性条約が話題になり始めた頃からである．その頃まで，日本では，生物多様性という言葉自体も社会的な認知が得られていなかった．もっとも，生物多様性条約が採択されてから10数年が経つ今でさえ，一般社会における生物多様性の理解はきわめて薄い．生物多様性の減失が明らかな影響を示すのは今日明日のことではなくて，少し先になってからである．直面する問題が山積しており，それへの対応に精一杯で，子や孫の世代に影響のあることにまで配慮が及ばない，というのが問題を深刻に受け止めていない原因のようである．しかし，実際に影響が及ぶようになってからでは手遅れである．その意味では，私たちの世代に与えられている課題はきわめて重いものであることが，もっと広く認識される必要がある．生物多様性の持続的利用とは，現在の人たちが生物多様性を効果的に利用しているように，孫子の世代になっても，今と同じように生物多様性の恩恵が受けられるように，持続的な利用を図ることを目的とするものである．

生物多様性条約

　1992年にリオデジャネイロで開かれた国連環境会議（いわゆる地球サミット）で，2つの重要な条約が採択された．気候枠組み条約と生物多様性条約である．

　気候枠組み条約は，地球温暖化とかかわりがあり，生物多様性にも多大の影響を及ぼす問題への対応を図ろうとするものであるが，条約そのものは本書が紹介する範囲の問題ではない（生物多様性とのかかわりについては，筆者らも積極的な発言をしている．堂本・岩槻編，1997など）．日本は京都議定書の成立に向けて国際協力を構築する努力を払うなど，この条約の適正な執行に積極

的に協力をしているが，超大国のアメリカが京都議定書から離脱するなど，消極的な姿勢をとり続けているのは残念な状況である．

　気候については，地球温暖化という現象がとり沙汰される．温暖化の原因に二酸化炭素などの廃棄物質の量の増大があることが早くから指摘されているところであるが，科学的に実証されていない，などという議論もあり，科学者の間にも混乱が見られる．ただし，生物の分布に大きな変化が見られるなど，気候の急激な変遷が自然に影響を及ぼしているのは明らかな事実である．

　生物多様性条約についても，日本は先進国のうちではカナダと並んで最初に，1993年に批准して条約の発効に貢献するなど，積極的に協力する姿勢を維持しているが，この条約についてもアメリカは（遅れて署名はしたものの）まだ批准をしていない．2006年4月現在で187か国とEUが批准をし，条約の厳正な執行に期待を込め，協力する姿勢を示している．事務局のもとにはいくつかの作業プログラムも設定されており，生物多様性保全に向けた国際協力の推進が図られている．

　生物多様性条約は，地球に生きる生物の多様性が貴重な存在であることを認識し，生物多様性が，現在有効に活用されているのと同じように，これからの世代にも末永く利用されることを期待し，地球規模で持続的に利用できるような状況をつくり出すために国際的に協力していこうと呼びかけるものである．基本的な事項としては，生物多様性の保全，生物多様性の持続的利用，生物多様性にもたらされる富の衡平な分配が計られることを期待する．

　生物多様性条約が採択されてから，さまざまな国際的な議定書等が交わされている．遺伝子改変生物の開発を推進するための約束事や，遺伝子改変生物等の国際間の移動（輸出入）等を規制するカルタヘナ議定書（第11講 Tea Time 参照）も，生物多様性条約締結国間でまとめられた協定であり，わが国は率先して関連の国内法を整備し，議定書を批准している．

生物多様性の持続的利用

　地球の持続性は，1987年のいわゆるブルントラント報告（Our Common Future）で提起され，リオの地球サミットの頃にははっきり意識されるようになった考え方である．最近では，持続性科学という言葉がつくられているように，一過性ではない永続的な開発，環境創成などが話題となる．生物多様性の持続的利用は重要な課題であるが，これは地球そのものの持続性を期待する考えの一環でもある．

　生物多様性の持続的利用についても，環境保全のためには生物多様性の保全が主目的になるといいながら，生物多様性は人の生存を支える資源の中核であ

り，それだけに資源としての有効な活用が求められるものである．人口の増大，人間生活の多様化により，今後ますます資源に対する要求が高まり，生物多様性に対する圧迫が高まることは避けて通ることのできない流れである．その際，人間環境の保全のために生物多様性を保護するというだけでは，広く社会の理解を得るのがむずかしく，根本的な解決は期待できない．それに対して，多少実利的な表現で説得しようとするものではあるが，人の生存をいつまでも支え続けるためには，その時々に生物多様性を有効に活用すると同時に，その生物多様性から得る恩恵を今の世代が享受しているように，子々孫々に至るまで，今と同じように利用可能な状況が維持されるように図ろうと呼びかけ，それを国際的に推進するというのがこの条約の主旨である．

　条約の加盟国会議は2〜3年おきに開催され，また関連の問題を議するための多様な委員会が組織され，条約の意図が有効に全うされることが期待されている．

生物多様性国家戦略

　生物多様性条約を批准した条約加盟国は，それぞれの国において，この条約の執行のためにどのように対応するかを示す国家戦略を設定することになっている．率先して条約を批准した日本も，国家戦略を策定して，生物多様性の持続的利用のために日本は何をすべきかを提起している．

　最初の戦略は1995年に，当時の村山内閣のもとで，関連11省庁が協力して策定した．この戦略で，5年後に戦略を見直すことを定めていたが，その方針に従って省庁再編後の関連8省庁が合議して2002年に策定された新・生物多様性国家戦略が現行のものである．この戦略も，毎年モニターされているが，5年後にはまた見直されることになっている．

　新・国家戦略では，生物多様性の現状認識として，3つの危機が認識され，それに対して，保全のための4つの理念が提起され，3つの目的が設定されている．これらの事項を要約すると，認識される3つの危機とは，

　① 人間の活動や開発が，種の減少・絶滅，生態系の破壊・分断を引き起こしている，

　② 自然に対する人間の働きかけが減っているため里山や草原が荒廃している，

　③ これまで自然になかった化学物質や外来種による影響で，在来種の生存がおびやかされている，

である．これらの危機意識に基づき，人間と生物多様性の関係や，保全の意味を整理し，生物多様性を保全しなければならないと考える基本的な理念を整理

すると，次の4点にまとめられる．すなわち，生物多様性は，

　① 人間が生存する基盤を整える，
　② 人間生活の安全性を長期的，効率的に保証する，
　③ 人間にとって有用な価値をもつ，
　④ 豊かな文化の根源となる，

の諸点で人に有用である．生物多様性についてのこの理解に支えられて，今私たちがアプローチすべき目標は，

　① 各地域固有の生物の多様性を，その地域の特性に応じて適切に保全する，
　② 特に日本に生息・生育する種に，新たに絶滅のおそれが生じないようにする，
　③ 世代を越えた自然の利用を考えて，生物の多様性を減少させず，持続可能な利用を図る，

である．

　危機に対応して，さまざまな対応が進められているが，国内法の整備もその表現のひとつである．それぞれの危機に対応して「絶滅のおそれのある野生動植物の種の保存に関する法律」（「種の保存法」と略称：Tea Time 参照），「自然再生推進法」，「特定外来生物による生態系に係る被害の防止に関する法律」（「外来種法」と略称：第28講 Tea Time 参照）などの法律がつくられ，国としての基本的な姿勢は示されている．

　しかし，世論調査などによると，生物多様性という言葉になじんでいる市民の割合はたいへん低く，生物多様性国家戦略について，聞いたことがあるという人さえ10％に満たないという．あらゆる問題についていえることであるが，環境に関する問題は特に，どんなに立派な政策がつくられ，科学者たちがよい対応策を提言し，企業等が保全に心がけたとしても，市民の関心が薄いようでは健全な保全はできっこない．すべての市民が生物多様性について自分の問題として関心をもち，科学的な根拠に基づいて，可能な限りその保全に自ら寄与しようという意欲をもたない限り，孫子の世代にすぐれた生物多様性を引き渡すことなど望むことはできない．その意味でも，現状についての情報，知見を正しく開示し，市民に対する普及活動を強めていくことが，意識の高揚を期待する上で何より緊急で重要である．

═══ Tea Time ═══

絶滅危惧植物

　新・生物多様性国家戦略でも，日本の生物多様性の危機の第1に，絶滅危惧種の頻出という事実があげられている．日本では，この問題に対する科学的な対応は，欧米より少し遅れて1980年代になってから始められた．まとまったレッドリスト（絶滅危惧種のリスト）が発表されたのは，維管束植物について，1986年だった．最初のリストとして刊行されたのは，「我が国における保護上重要な植物種の現状」（(財)日本自然保護協会・(財)世界自然保護基金日本委員会，1989）だった．包括的な調査を始めたのが少し遅れてはいたものの，日本では各地域で生物相の動態を詳細に観察している non-professional naturalists があり，その人たちの日常的な観察記録が無償で提供されたのだから，短期間でまとめられたリストとしては欧米を凌駕するものがつくられた．

　その後，国としてもこの問題には真正面から取り組まれており，1992年には種の保存法（「絶滅のおそれのある野生動植物の種の保存に関する法律」）もつくられ，それに基づいて，希少生物種に対する諸施策が施されている．レッドリストについても，国の事業として，各生物群について詳細な調査が行われ，対応すべき種についての科学的認識も進んでいる．しかし，だからといって，絶滅の危機に瀕する生物種が激減したとはいえない．というより，同じような危機的状況が相変わらず続いているというのが，その後のモニタリングで明らかになっている事実である（図29.1）．

　トキの人工増殖は進んでいるし，2005年にはコウノトリの自然復帰の第1号5羽の放鳥も行われた．象徴となる種の保全活動を通じての普及活動も順調に進んではいるものの，それで問題が解決の方向に向かわないのは，生物多様性保全にかかわる社会的な認知，行動がともなっていないからである．

　植物についても，すでに1980年代から始められたムニンノボタンの自然環境への回復の試みなど，試行的に成果をあげている事業があり，そのほかにも保全活動が演じられている絶滅危惧種は，国の施策によるものも，NGOやNPO等の活動によるものも，それぞれに成果をあげつつある．これらの対応が，広く市民に受け入れられ，さらに政界，経済界に強い圧力となって，結果として生物多様性の保全に貢献することが期待される．

図 29.1 絶滅危惧植物
(a) ムニンノボタン, (b) ムニンツツジ, (c) サギソウ, (d) キキョウ, (e) アツモリソウ, (f) サクラソウ.

第30講

人と自然の共生

キーワード：科学　共生　自然　自然破壊　自然保護　人為・人工　人

　人と自然の共生という標語があり，このキャッチコピーは今ではどこででも聞かれる言葉となっている．1990年に大阪で開催された国際花と緑の博覧会（通称「花博」）の際に，博覧会の内容の理解のための標語のひとつとして使われて以来，一般に普及するようになった言葉といわれる．しかし，辞書の定義に従っても，自然の反対語は人為・人工である．人の行為は必然的に反自然という共通の理解ができているのである．言葉の定義どおりだとすれば，人が何かをする（＝人為・人工が生じる）と，必然的に自然を損なうことになる．だとすれば，人と自然の共生などあり得ない．できもしないことを標語にするというのはどういうことか．植物と人との究極の関係を知るために，これらの言葉と，それが意味する内容を検証してみよう．

　日本列島の奥山，里山，人里という区分を生み出した開発は，現在では常識となっている自然保護地域の基本的設定である核地域（コアエリア），緩衝地帯（バッファーゾーン），住居地域（トランジションエリア）にそれぞれ相当する地域を設定していた．この地域区分の設定は，ユネスコのMAB（人と生物圏計画）が生物圏保存地域を設定する際に提起し，その後世界自然遺産の地域区分などに用いられた考えであるが，新石器時代以来の日本列島の開発の実際は，その考えを先取りしていたものといってよい．日本人は古くから自然となじみながら，自然と共生する生活を送ってきた．ごく最近になって，自然を征服しようとする姿勢がはっきりしている西欧的な思想に沿った開発が行われるようになってさまざまな問題が顕現し，あらためて人と自然の共生という標語を必要とすることになった．この標語が必要になったというのは，人と共生しようとする自然にそれだけ危機的状況が迫っていることを意味している．

人の環境を演出する植物たち

　食料が保障されたら人はそれで生きていけるというものではない．人は緑の

環境がなければ生きていけない生物である．まず，植物が光合成を行って，二酸化炭素を吸収し，分子状酸素を放出するので，人も他の生物（植物も含めてであるが）と同じように酸素を吸収し，二酸化炭素を放出する酸素呼吸を休みなく続けることができる．生き物として生きていくためにこれは最低限の要求であり，酸素発生型光合成をする植物の生は，地球上の基礎生産者として地球に生きる生命系の生を下支えするはたらきをしている．

　地球に生きる生き物たちは，上に述べたような生物学的構造を維持するように進化してきた．その進化の過程のひとつの表現型として，ヒトは森の生活から（たぶん他の動物たちとの生存圏争いに敗れて）平原へ進出し，結果として文化を創造した．おかげで，進んだ科学に支えられ，科学技術の発展の恩恵を被って，私たちは今，豊かな人間生活を営んでいる．しかし，身の周りに緑の植物たちを育てることなしには，精神の落ち着きを保つことはできないという．なぜそうなのか，科学的根拠は示されていない．それでも，もしすべてを人工物に置き換えるような生を生きるようになったとしても，その人工物の中に，人工的な植物の生を必要とするだろうと，ほとんどの人が納得しているのではないか．緑に目を慣らすことによって目の健康を維持する，それがなぜなのかは解明されないまでも，私たちは同じ地球で進化を共有してきた他の生き物たちと調和ある共存を図らないと生きていけないものらしいのである．

自然と人為・人工

　自然の反対語は何かと尋ねると，小学生でも正確に人為・人工と答える．その言葉遣いは現在用語としては常識的であるが，しかし，あらゆる人の行為は反自然につながるとされるのは，人の歴史のどの時点からのことだろうか．

　人ももとは自然の産物である．森に暮らして狩猟採取の生活を送っていたヒトは，自然に生きる多様な生物の一種にすぎなかった．人の先祖が森から平原へ進出した頃，ヒトは狩猟採取の生活をしていたが，その頃のヒトは，サル目ヒト科の動物の一種とみなされる．動物の一種だから，自然の構成要素のひとつであり，そのもの自体が自然であって，その行為は半自然とは定義できなかったはずである．今でも，すべての生物がそれぞれに自然に対してそれぞれ営為を及ぼしているというのに，猿為だとか虎工という言葉はつくられたことがないし，ゾウと自然の共生，などとは誰もいわない．ヒトだけが反自然の存在というのはどういうことで，ヒトはいつから反自然の存在となったのか．

　石器時代に，それまでの狩猟採取の生活から，農耕牧畜というライフスタイルが取り入れられた．しかし，農耕牧畜に基づいた生活を始めた人のライフスタイルは，地域によってさまざまだった．

人の進化の歴史で目覚ましかったさまざまなできごとのうち，ヨーロッパにおける農耕牧畜はどのように展開したか．平坦な土地が展開するヨーロッパでも，原始時代には美しい森林が発達していた．森から出たヒトは，そこで農耕や牧畜のライフスタイルを打ち立てた．彼らは，森林を伐開して単一作物を栽培する農地を開拓した．平坦な土地はいっせいに伐り開かれ，見渡す限りの農地が広がり，村落が点在する風景がつくり出された．森林地帯だったところでは牧畜も始めた．放牧された家畜たちは下生えの植物たちだけでなく，樹木の芽生えや，落下した種子まで，残らず食べ尽くした．このようにして過放牧で痛めつけられた土地には，容易に緑が回復しなかった．日本列島のように温暖多雨に恵まれた場所だったら，少々過激な開発が行われてもしばらく人為を及ぼさないでいると，自然の回復力で緑が戻ってくるが，植物の生活にとってきびしいヨーロッパの気象条件下では，一度完全に破壊された自然は自然の再生力で回復することが困難な状況に追いやられる．このようにして，農耕牧畜を始めてからのヒトの活動は自然を征服するかたちで展開され，人と自然の対立軸がはっきり見えてきた．嵐が丘の物語に出てくるイングランド北部は，過放牧の結果として，自然の回復ができない状況に追い込まれた景観を典型的に描き出す．

　北欧では，11～12世紀には，ブタの過放牧がブナ林の自然再生に影響を与えているのに気づき，日本の入会権のような制度で，ブタのブナ林への放牧の規制が始まったが，これが自然保護の思想のはじまりとされる．一方，イギリスでは，同じように共同地commonの思想が醸成されたが，この理念は結局市民の利己的な考えに打ち勝つことができず，自然の破壊につながり，過放牧で森林の回復が難しい国土をつくり出してしまった．もっとも，日本でも，今や里山は自然が保全された典型的なすがたと評価され，里山の自然を護ろう，などという標語もしばしば聞かれるところであるが，きれいに維持されている里山はむしろ特殊な例で，里山といいながら，禿げ山になるまで人の営為に犯された場所が多いことは，実例をたどればはっきりすることである．

　一方，日本で定着した農耕とはいったい何だったのだろう．日本列島は複雑な地形をもっており，農耕地を開拓するのに適当な広大な平地はない．温暖多雨という植物にとっては恵まれた気象条件下で，日本列島は原始時代には全域が厚い緑に覆われていた．森を出たヒトは海岸沿いの限られた低地か，川沿いの平地に住まいを構えた．牧畜にふさわしい土地ではなかったので，農耕が生活の基軸となったらしい．農耕に使える平坦地は，それでいて，日本列島のわずか20％弱にすぎない．そこで，狩猟採取以来の土地の活用法をそのまま準用して，農耕を主体とする生活域（人里）のバックヤードに，補助的な資源の

供給地である里山を構えた．そして，山岳地帯を中心に，列島のおよそ半分の面積は奥山として，人手を加えない状態で維持した．このようにして，結果として，日本列島の開発は，現在私たちが考える自然と人の共生をめざしたものになっていた．すなわち，面積の半分近くが広大なコアエリア（奥山）となり，自然が残される奥山と人の生活域の間の緩衝地帯（バッファーゾーン＝里山）を置いて，全面積の20％ほどだけをヒトが活用する生活場所（人里）として全面的に開発したのである．だから，日本列島では，自然となじみあう開発が続けてこられ，人と自然の対立軸ははっきりしなかった．

しかし，明治維新以来，西欧文明こそがすぐれた人為であると信じ，西欧に追いつけ，追い越せのかけ声のもとに西欧化を始めた日本人は，その勤勉さによって見事に目的を達成した．その結果，日本列島においても，自然に対する人の営為ははっきりと自然と対立するかたちを整え，人為・人工は自然の反対語と理解されるようになった．

それでも，里山の自然を護れという標語がつくられたり，ヨーロッパの田園風景にあこがれをもったりと，人為によって変貌し，自然のすがたをとどめなくなってしまった場所にも，人はまだ郷愁を抱く．緑豊かな地域は，たとえそれが原始自然と全く異なる人為的なものであったとしても，望ましい生活環境とみなすのである．緑に対する人の渇望はそれだけ根強いものがある．

それに対して，科学の知見に基づいて強い力をもつようになった技術は人にすばらしい力をもつ手を与え，人は科学技術を駆使して自然に営為を加えていった．その力の及んだところが自然破壊の進んだ場所と呼ばれ，環境破壊が進んだ場所と指弾されるようになった．自然破壊は科学技術の及んだ場所なのである．このようにして，科学技術の進歩が自然の反対語である人為・人工を生み出したとみなされることになった．

農耕牧畜を始めた先祖たちも，地球表層にはなはだしい営為を与えはしたものの，それは自然となじみながらの行為で，だから，自然を変貌させて創り上げたはずの里山の「自然」を護ろうなどという呼びかけがなされることになる．里山の「荒廃」と呼ばれる現象は，人為的景観である里山が自然の成り行きで潜在植生に戻ろうとあがいているすがたをさす．もし荒廃を数百年続ければ，むしろ原始自然に近いすがたに戻るものである．もっとも，石器時代以前の景観が戻るわけではなくて，さんざんかき回された後の安定が（それもきわめて不安定と推定される中途過程を上手に乗り越えることができれば，であるが）やってくると期待できるところである．

人が自然に圧迫を与え始めたのは，科学技術と呼ばれるような文明が展開し，人が自然を征服するのだという意欲が芽生えた頃からである．産業革命

は，人為・人工が反自然の行為に転換したことを明確に示す転機だった．科学技術を駆使するようになった人は，自然を自分のために利用することに，一途に突き進み始めた．しかし，自然を知り尽くしていたわけではない人は，自然から強いしっぺ返しを食らうことになってしまった．20世紀もとりわけ後半になってから経験した自然破壊のおぞましさは，あらためてもう一度なぞってみてよいものではない．

　それなら，人為・人工は反自然の行為であり，すべて悪なのか．もしそうなら，人は自分という種を抹殺することによって自然を維持しようというのか．たぶん，そういう論に加担する人はないだろう．人為・人工が反自然につながることに気づいた人は，自分の行為を修正する程度には賢い存在であるはずである．そこで，人と自然の共生が模索されることになる．

共　　生

　共生という言葉は一般用語としては，「共に生きる」という文字どおり，対象とするものが住むところを分け合い，協調して生きることであるが，別に生物学用語としての特殊な使い方がある．これは，異なった2種の生物が互いに不可分離の関係を保つように進化してきている関係性をさす．生物学用語でいう共生には，関係性を共有する2種の生物が共に利益を享受する双利共生，一方は利益を受けるが他方には損得はないという片利共生，それに一方の犠牲によって他方が潤う寄生という3つの型があり得る．

　人と自然の共生を，生物学用語の共生で説明しようとするとどういうことになるか．ヒトは一種の生物であるが，自然という生物種はない．だから，人と自然が生物学用語でいう共生関係をもつことはあり得ない．拡大解釈をして，種と自然が共生したとしてみよう．生物学用語でいう共生には寄生という型も含まれる．人は確かに自然に寄生して自然からすべてを搾取するのだから，人と自然の共生（寄生）という関係性は現に成り立たせているものである，という人はいないだろう．という流れで，人と自然の共生とうたわれるときには，人と自然の生物学的共生を説こうというのではなくて，人と自然が共に生きるという一般用語で説明しようとするものである．ただ，そういえば，生物学用語では，共生の関係性は単なる共存の状況を示すものではないと定義される．

　コスモス国際賞（Tea Time 参照）では，賞の対象の概念に，人と自然の共生に資する業績をひとつの柱としている．その表現を英語に訳すとき，困ってしまって，たまたま来日中だったイギリスのキュー植物園のスタッフたちの協力を得，つくり出した表現は，harmonious co-existence between man and nature である．単なる共存は共生とはいわないとしても，調和ある共存とい

えば，この言葉の意味は最低限理解されるだろうか．

自然保護と環境創成

　自然保護という言葉は文字どおり自然を保護するという意味である．では自然を何から保護しようというのか．人為・人工による破壊から保護しようというのだったら，人の営為から保護しようというのだし，そうなれば人のために保護することの意味が曖昧になってしまう．自然の反対語は人為・人工であるとすれば，自然を保護するためには人為・人工を最小限に抑えればよい．完全に自然を保護するためには，人為・人工を０にすればよいわけで，そのためには人を抹殺するのがいちばん早い手立てである．しかし，どんなに強力な自然保護派でも，自然を保護するために人類を絶滅させればよいとは決していわない．何といっても，自然保護の実をあげるのは人類のためなのである．

　新石器時代が始まる頃に森林を伐開して農地をつくった人の営為を，自然破壊ということはない．しかし，自然を変貌させ，その状態を維持した点で，明らかに人為・人工による影響を及ぼしたものだった．しかし，そこでつくり出した里山に対して，里山の自然を護れという言い方をする．田園風景をつくり出し，里山を育て維持してきた人の行為を自然破壊とはいわないのである．

　原始自然は地球表層にほとんど残されていない．変貌させられた地球表層にしても，今の状態でいつまでも続けて維持されるとは期待されない．かつて，原始自然を開発し，田園風景や里山を育ててきたように，これからも人間環境を人の生活にふさわしく維持するためには，その時々の人の行為を自然となじみあうすがたに育てていく必要がある．しかし，それは，森林を伐開して里山や田園風景をつくり出すという行為ではあり得ない．ふくれ上がる人口を支え，それでいて人の環境を維持するために，地球表層は自然環境に近いかたちで維持され，有効利用される必要がある．石器時代以後の地球表層に田園風景や里山をつくり出してきたように，今新しい環境創成が期待されている．しかし，それがどんなすがたであるのか，今の科学は美しい設計図を描き上げるだけに進んでいるとは思われない．今こそ，未来の地球表層のすがたを設計できる科学の創出が必要なときである．そのためにも，生物の特性と，生物多様性に関する基礎的な情報の創出が，緊急の課題である．

====Tea Time====

コスモス国際賞

　日本から発信されている大型の国際賞はいくつかあるが，そのうち人と自然の共生に資する功績を顕彰するものとして，コスモス国際賞がある．

　コスモス国際賞は，1990年に大阪で開催されたいわゆる花博の理念の継承財団である（財）国際花と緑の博覧会記念協会が，花博の収益を核とした資金をもとにした事業のひとつとして創設した国際賞である．人と自然の共生に寄与した業績と，解析的，分析的な研究手法にとどまらず，それに加えて統合的な視点を加えて成果をあげた業績を顕彰しようという目的でつくられている．第1回（1993年）のギレアン・プランス博士以来，毎年1名（1団体）が顕彰され，日本が発信する大型国際賞として，とりわけ科学における統合的な視点を重視するという点でユニークな存在となっている．

　第10回にガラパゴス島で生物多様性の研究と保全事業に活発に取り組んでいるダーウィン研究所が受賞して以後，第11回はアメリカ合衆国で生物多様性の研究と保全活動に絶大な存在感を示しているピーター・レーブン博士，第12回はメキシコで環境大臣も務めたカラビアス女史，そして第13回は魚類資源の解明について大きな貢献を行いつつあるダニエル・ポーリー教授が選ばれている（図30.1）．

　統合的な視点をもつ科学，というテーマはわかりにくく，個々の受賞者の業績からその概念を読み取るのはむずかしい課題であるが，第13回までの受賞者の業績を積み上げると，この賞がめざしているものが見えてくるともいえる．賞を推進している協会では，毎年何回かのコスモスフォーラムを開催するなど，この賞の意義の普及にも努めている．

図30.1　2005年コスモス国際賞授賞式

参考図書

安藤久次：歌の中の植物誌1～32．プランタ22-56（1992-1998）
石井龍一：役に立つ植物の話―栽培植物学入門，岩波ジュニア新書（2000）
岩槻邦男他（監修）：朝日週刊百科「植物の世界」全144冊，朝日新聞社（1995-1997）
岩槻邦男・馬渡峻輔（監修）：バイオディバーシティ・シリーズ，裳華房（1996- ）；（1）岩槻邦男・馬渡峻輔（編）生物の種多様性（1996）；（2）加藤雅啓（編）植物の多様性と系統（1997）；（3）千原光雄（編）藻類の多様性と系統（1999）；（4）杉山純多（編）菌類・細菌・ウイルスの多様性と系統（2006）
岩槻邦男：文明が育てた植物たち，東京大学出版会（1997）
岩槻邦男：生命系―生物多様性の新しい考え，岩波書店（1999）
岩槻邦男：生物講義，裳華房（2002a）
岩槻邦男：多様性からみた生物学，裳華房（2002b）
岩槻邦男：植物と菌類30講（図説生物学30講〔植物編〕1），朝倉書店（2005）
塚本洋太郎（総監修）：園芸植物大事典，小学館（1988-1990）
堂本暁子・岩槻邦男（編）：温暖化に追われる生き物たち，築地書房（1997）
A. Hyxley（鈴木邦男・中村武久訳）：緑と人間の文化，東京書籍（1988）
服部 保：里山の現状と里山管理の方向．プランタ101：5-10（2005）
J. Barrau（山内 昶訳）：食の文化史，筑摩書房（1997）
福田一郎（編）：応用遺伝学（20世紀の遺伝学Ⅵ），裳華房（1995）
堀田 満他（編）：世界有用植物事典，平凡社（1989）
前川文夫：史前帰化植物について．植物分類地理13：274-279（1943）
ユネスコ・MAB（編）：A Practical Guide to MAB，ユネスコ本部（1987）
吉田集而（編）：人類の食文化（講座食の文化1），（社）農山漁村文化協会（1998）
我が国における保護上重要な植物種および植物群落の研究委員会植物種分科会（編）：我が国における保護上重要な植物種の現状，（財）日本自然保護協会・（財）世界自然保護基金日本委員会（1989）

Margulis, L. & K.V. Schwarts：Five Kingdoms. Freeman, San Francisco（1982）
Maynard Smith, J. & E. Szathmary：The Major Transitions in Evolution. W.H.Freeman

& Stockton Press, Oxford (1995)

World Commission on Environment and Development (Brundtland 委員会): Our Common Future. Oxford Univ. Press (1987)

索　引

ア 行

アオカビ　125
アオキ　141
アサクサノリ　172
アジサイ　42, 143, 150
アシツキ → カモガワノリ
アセビ　94
アツモリソウ　187
アナナス　141
アフリカスミレ → セントポーリア
アフリカホウセンカ → インパチエンス
アヘン　127
アボカド　114, 155
アマモ　171
アメノウズメノミコト　116
アヤメ　45, 48, 143
アリストテレス　71, 78
アワ　13, 25, 29, 36, 37, 102
アンズ　131, 152
安藤久次　61

イサベラ女王　10, 73
イタドリ　181
イチゴ　45, 136
イチジク　2, 71, 115, 152
イチョウ　97, 133, 134, 162
遺伝子組み換え技術　57, 63, 79
遺伝子クローニング　57
遺伝子資源　13, 103
遺伝子資源保全施設　13
遺伝子突然変異　27
遺伝情報　84
遺伝の法則　20, 48
イヌサフラン　55
イヌビエ　36
イネ　7, 8, 25, 29, 102
イノコヅチ　11
イラクサ　11
イワタケ　125

イワヅタ　57
イワヒバ　41, 143
インドボダイジュ　115, 142
インパチエンス　147

ウコン　112
ウメ　41, 45, 154
ウメノキゴケ　125
ウンシュウミカン　41
ウンナンポプラ　162

エジソン　167
エスニック料理　10, 107, 174
江戸時代　33, 41, 43, 47, 143
エドヒガン　43, 46
エネルギー革命　32
エノコログサ　13, 36
エビネ　44, 138, 139
MAB（人と生物圏計画）　33, 159, 188
園芸　41, 102, 129, 144, 155
エンドウ　50

応用科学　126
応用植物学　3
オオシマザクラ　46
オオバコ　97
岡崎忠雄　75
岡田善雄　58
おタキさん → 楠本　滝
オモト　141
オランダセキチク → カーネーション
オリーブ　115, 145, 152, 155, 156
オレンジ　132

カ 行

海藻　171
カカオ　112
カガリビバナ → シクラメン
カキ　41, 154
カキツバタ　41

柿本人麻呂　164, 174
カシ　115
果実酒　118
ガードン　59
カーネーション　147
カブ　137
カボチャ　132
カモガワノリ　172
カラシナ　111
カルタヘナ議定書　60, 68, 183
カルダモン　112
カンアオイ　41, 138
環境保全農業　32
観葉植物　141

キキョウ　187
キク　41, 45, 73, 143
気候枠組み条約　182
キゴケ　125
キシュウミカン　154
基礎生産者　2
紀伊国屋文左衛門　154
木原　均　48, 54
キビ　37, 102
木村資生　49
キャッサバ　120
ギョウジャニンニク　111
京都議定書　11, 161, 182

グアバ　155
クサビコムギ　54
クズ　180
クスノキ　133
楠本　滝　151
グミ　153
クラミドモナス　171
クリ　45
クリック　49
クルミ　45
クローブ　112
クロレラ　171
クワ　153
桑田義備　48

198　索　引

経済活動　4
ケカビ　125
ケシ　9, 10
ゲルトナー　52
ケールロイター　52
幻覚生物　127
ゲンノショウコ　97
ケンペル　82

コウジカビ　121
香辛料　4, 8, 109
コウゾ　167
酵母　121
コエンドロ　112
ゴギョウ　137
ココヤシ　119
コショウ　10, 73, 109
コスモス　10, 104
木花咲耶姫(このはなさくやひめ)　118
コーヒー　112
コムギ　7, 102, 120
コロンブス　9, 73, 102, 153, 174
コンブ　24, 171

サ 行

細胞融合　58, 79
サギソウ　187
サクラ　41, 43, 45, 61
サクラソウ　41, 45, 143, 187
ザクロ　71, 145, 152
酒　112, 117
サゴヤシ　93
雑草　5, 7, 12
サツマイモ　7
サトイモ　36
サトウカエデ　109
サトウキビ　27, 109
里山　31, 33, 158, 163, 178, 191
サバチエ　74
サフラン　112
サボテン　45
ザラツキエノコログサ　37
サルオガセ　125
サル酒　117
サンシキスミレ → パンジー
サンショウ　109, 110
三内丸山遺跡　154

シアノバクテリア　122, 170

シイ　153
シイタケ　125
シキミ　115, 142
シクラメン　147
資源　1, 23, 79, 131, 165
自然科学　16
史前帰化植物　180
自然醗酵　117
自然保護　193
実学　18
四手井綱英　31
シナダレスズメガヤ　133, 134
シナチク　167
シナモン　112
GBIF(地球規模生物多様性情報機構)　88, 89
シーボルト　72, 74, 151
シャーマニズム　116, 127
宗教　115, 127, 142
狩猟採取　4, 22, 29, 35, 39, 176, 189
シュロ　141
循環型社会　18, 33
醸造酒　118
ショウガ　111
ショウブ　48
情報科学　84, 85
縄文杉　168
蒸留酒　118
ショウロ　125
昭和天皇　7
職人芸　18
食用作物　101
新・生物多様性国家戦略　14, 184, 186

スイカ　136
スイゼンジノリ　172
垂仁(すいにん)天皇　71
スギ　115, 163
スズシロ → ダイコン
スズナ → カブ
スミレ　61, 91
スモモ　45, 154

セイタカアワダチソウ　11
生物多様性条約　182
生命系　3, 9, 92, 126, 177, 178
生命倫理　60
セイヨウカラシナ　111
セイロンニッケイ　112
セッコク　44, 138, 139

絶滅危惧種　186
ゼラニウム　141
セリ　137
潜在遺伝子資源　2, 13, 14, 79, 104
染色体突然変異　27
センダイウイルス　58
セントポーリア　148
ゼンマイ　137

藻類　170
組織培養　58
ソメイヨシノ　46, 61, 139

タ 行

ダイコン　137
ダイズ　7, 106, 108, 123, 174
タイマ　9, 127, 128
タイム　95
ダーウィン　45
タカノツメ　111
タケ　167
田道間守(たじまもり)　71
タチバナ　71
棚田　30
種なしスイカ　55
タバコ　9, 10, 73, 103, 112
ダリア　45
タルホコムギ　54
タロイモ　106

地球温暖化　160
地球規模生物多様性情報機構(GBIF)　88, 89
地球サミット　6
知的活動　4
チャ　73, 112
チューリップ　43, 131
チュンベリー　71, 74, 82
調味料　108
鎮守の森(杜)　29, 31, 115, 133, 169, 178

ツタ　180, 181
ツッカリーニ　74
ツツジ　143
ツルシノブ　181

テオフラストス　71, 145
デーデルライン　74
寺町兵右衛門　31

テンナンショウ　138
トウガラシ　10, 73, 103, 110, 174
トウモロコシ　7, 8, 24, 102, 105, 120
トクサ　141
ドクダミ　97
特定外来生物　180, 185
トサカノリ　172
トチノキ　42, 153, 169
トマト　45, 136
ドリアン　155
トリュフ　125
登呂遺跡　29

ナ 行

中沢信午　50
ナシ　41, 155
ナズナ　42, 137
ナツツバキ　142
ナツメグ　112
ナツメヤシ　131, 152

ニガナ　28
ニコラウス3世　96
ニホングリ　153
ニホンナシ　154
ニュートン　50
ニラ　111
ニンニク　111

ヌカキビ　37
ヌスビトハギ　11

ネアンデルタール人　144
ネギ　111
ネロ　95

脳科学　86
農業構造改善事業　32
農耕牧畜　4, 23, 35, 39, 176, 189, 190
ノーベル　60

ハ 行

バイオインフォマティクス　84
バイオテクノロジー　1, 13, 40, 47, 52, 56, 63, 79

ハイキビ　37
ハイドランジア　43, 150
パイナップル　155
ハエカビ　125
ハギ　41, 45, 143
ハコベ　12, 137
ハコベラ→ハコベ
バジル　95
ハス　115, 142
ハッカ→ミント
バッカクキン　125
服部 保　31
ハナショウブ　48
バナナ　27, 132, 155
ハナミズキ　133
パパイヤ　155
ハハコグサ　12
バーバンク　45, 47
パピルス　167
バビロフ　38
ハーブ　94, 95
バラ　43, 61, 71, 95, 145
パラゴムノキ　10, 93
ハラン　141
バレイショ　7, 8, 73, 104, 123
パンコムギ　54
パンジー　148

ヒイラギ　116
ヒエ　25, 29, 36, 102
ヒカゲノカズラ　116
ヒガンバナ　42, 142
ヒジキ　171
微生物　122
人里　13, 25, 29-31, 33, 40, 137, 158, 178, 179, 190, 191
ヒトツバ　141
ヒトツブコムギ　54
人と生物圏計画（MAB）　33, 159, 188
ヒノキ　116, 163
ヒマ　97
ヒョウタン　130
ビールムギ　120
ビワ　181

フェンネル　96, 112
フォーチュン　72
フォーリー　74, 75
藤井健次郎　48
フジバカマ　145
ブタクサ　11

ブドウ　45, 47, 50, 119, 131, 152, 154-156
ブナ　159
フノリ　172
プラタナス　133
フランシェ　74, 75
プラントハンター　45, 70
プロテオミクス　86

ベゴニア　148
ペチュニア　148
ベーツソン　48
ベニシダ　28, 141
ベニテングダケ　128
ペヨーテ　128

ホイッタカー　124
ホウビシダ　28
ホシダ　141
ホトケノザ　137
ホンダワラ　171

マ 行

前川文夫　41
マクリ　172
マダケ　167
マツ　61, 166
松尾芭蕉　174
松平左金吾　48
マツタケ　125
マツバラン　41, 44, 143
マメ　106
マーラー　48
マリモ　173
マングローブ　160
マンゴー　155
マンゴスチン　155

ミカン　155
ミチューリン　45, 47
ミッケル　74
ミツマタ　167
緑の革命　55
南方熊楠　179
ミョウガ　110, 111
三好 学　50
ミル　57
民間薬　97
民俗植物学　90
ミント　95, 96

ムギ　36, 106
ムニンツツジ　187
ムニンノボタン　186, 187

メタセコイア　162
メンデル　13, 20, 47, 48, 50

モウソウチク　167
モーガン　48
モミジバスズカケ　139
モモ　131, 152, 154

ヤ 行

屋久島　163, 168
薬用植物　94
ヤシ　119
野生生物　6
ヤツデ　141
ヤナギ　61
ヤブソテツ　141

ヤマアジサイ　42, 150
ヤマザクラ　43, 61
ヤマナシ　154
ヤマブキ　137
ヤマボウシ　135
ヤマモモ　153

有用植物　1, 3, 53, 104
ユーカリ　162
ユキノシタ　98
ユネスコ　21, 33, 159, 188
ユリ　61, 73

楊貴妃　155

ラ 行

ライチー　155
ラッキョウ　111, 112
ラベンダー　95
ラン　73

ランブータン　155

リトマスゴケ　125
リベットコムギ　54
リュウゼツラン　120
リョクトウ　130
リンゴ　50, 115, 152, 154
リンネ　71, 74, 77, 80

ルイセンコ　45

レーニン　45
レベレ　75

ワ 行

ワカメ　24, 171
ワサビ　110, 111
ワード　160
ワトソン　49
ワラビ　94, 99, 137

著者略歴

岩槻邦男（いわつき・くにお）

1934年	兵庫県に生まれる
1965年	京都大学大学院理学研究科博士課程修了，理学博士
1963年	京都大学理学部助手，助教授（71年），教授（72年）
1981年	東京大学理学部附属植物園教授併任，同専任，園長（83年）
1995年	立教大学理学部教授
2000年	放送大学教授
現　在	兵庫県立人と自然の博物館名誉館長 東京大学名誉教授
著　書	『日本絶滅危惧植物』海鳴社，1990 『日本の野生植物：シダ』平凡社，1992 『シダ植物の自然史』東京大学出版会，1996 『東京樹木めぐり』海鳴社，1998 『文明が育てた植物たち』東京大学出版会，1997 『生命系―生物多様性の新しい考え』岩波書店，1999 『生物講義』裳華房，2002 『多様性からみた生物学』裳華房，2002 『日本の植物園』東京大学出版会，2004 『植物と菌類30講（図説生物学30講〔植物編〕1）』朝倉書店，2005 『生物多様性のいまを語る』研成社，2009 『生物多様性を生きる』ヌース出版，2010 『系統と進化30講（図説生物学30講〔環境編〕2）』朝倉書店，2012 『新・植物とつきあう本』研成社，2013

図説生物学30講〔植物編〕2
植物の利用30講
―植物と人とのかかわり―　　　　　　定価はカバーに表示

2006年9月25日　初版第1刷
2013年10月25日　　　第2刷

著　者　岩　槻　邦　男
発行者　朝　倉　邦　造
発行所　株式会社　朝　倉　書　店

東京都新宿区新小川町6-29
郵便番号　１６２-８７０７
電　話　０３（3260）0141
ＦＡＸ　０３（3260）0180
http://www.asakura.co.jp

〈検印省略〉

ⓒ2006〈無断複写・転載を禁ず〉　　　　東京書籍印刷・渡辺製本

ISBN 978-4-254-17712-1　C3345　　　Printed in Japan

JCOPY　〈(社)出版者著作権管理機構 委託出版物〉
本書の無断複写は著作権法上での例外を除き禁じられています．複写される場合は，そのつど事前に，(社)出版者著作権管理機構（電話 03-3513-6969, FAX 03-3513-6979, e-mail: info@jcopy.or.jp）の許諾を得てください．

シリーズ《図説生物学 30 講》

B5 判　各巻 180 ページ前後

◇本シリーズでは，生物学の全体像を〔動物編〕，〔植物編〕，〔環境編〕の 3 編に分けて，30 講形式でみわたせるよう簡潔に解説
◇生物にかかわるさまざまなテーマを，豊富な図を用いてわかりやすく解説
◇各講末に Tea Time を設けて，興味深いトピックスを紹介

〔動物編〕

- **生命のしくみ 30 講**　　　　　石原勝敏 著　184 頁　本体 3300 円
- **動物分類学 30 講**　　　　　　馬渡峻輔 著　192 頁　本体 3400 円
- **発生の生物学 30 講**　　　　　石原勝敏 著　216 頁　本体 4300 円

〔植物編〕

- **植物と菌類 30 講**　　　　　　岩槻邦男 著　168 頁　本体 2900 円
- **植物の利用 30 講**　　　　　　岩槻邦男 著　208 頁
- **植物の栄養 30 講**　　　　　　平澤栄次 著　192 頁　本体 3500 円
- **光合成と呼吸 30 講**　　　　　大森正之 著　152 頁　本体 2900 円
- **代謝と生合成 30 講**　　　　　芦原 坦・加藤美砂子 著　176 頁　本体 3400 円

〔環境編〕

- **環境と植生 30 講**　　　　　　服部 保 著　168 頁　本体 3400 円
- **系統と進化 30 講**　　　　　　岩槻邦男 著　216 頁　本体 3500 円
- **動物の多様性 30 講**　　　　　馬渡峻輔 著　192 頁　本体 3400 円

上記価格（税別）は 2013 年 9 月現在